Mario Ruben Gardiol
María Morresi

Información de productores agropecuarios para estudio de crecidas

AF523399

Mario Ruben Gardiol
María Morresi

Información de productores agropecuarios para estudio de crecidas

Arroyo Las Turbias, Santa Fe, Argentina

Editorial Redactum

Imprint

Any brand names and product names mentioned in this book are subject to trademark, brand or patent protection and are trademarks or registered trademarks of their respective holders. The use of brand names, product names, common names, trade names, product descriptions etc. even without a particular marking in this work is in no way to be construed to mean that such names may be regarded as unrestricted in respect of trademark and brand protection legislation and could thus be used by anyone.

Cover image: www.ingimage.com

Publisher:
Éditions universitaires européennes
is a trademark of
International Book Market Service Ltd., member of OmniScriptum Publishing Group
17 Meldrum Street, Beau Bassin 71504, Mauritius

Printed at: see last page
ISBN: 978-620-2-48524-1

Copyright © Mario Ruben Gardiol, María Morresi
Copyright © 2019 International Book Market Service Ltd., member of OmniScriptum Publishing Group

INFORMACIÓN DE PRODUCTORES AGROPECUARIOS PARA EL DESARROLLO DE ESTUDIOS TÉCNICOS EN CRECIDAS DE ARROYOS

Dr. Mario Ruben Gardiol [(1)], Mag. María del Valle Morresi [(2)]

(1) Departamento de Cartografía y Agrimensura, (2) Departamento de Hidrología
Facultad de Ingeniería y Ciencias Hídricas, Universidad Nacional del Litoral
Santa Fe, Argentina

Índice

1. INTRODUCCION 3
2. AREA DE ESTUDIO Y PROBLEMÁTICA DE LA CUENCA HÍDRICA....................................4
3. BÚSQUEDA Y ANÁLISIS DE ANTECEDENTES 7
3.1. Antecedentes cartográficos 8
3.2. Antecedentes topográficos 8
3.3. Antecedentes hidrológicos y metereológicos....................................9
3.4. Antecedentes fotográficos 12
4. BUSQUEDA DE INFORMACIÓN LOCAL DE PRODUCTORES E INSTITUCIONES 13
4.1. Medios de comunicación 13
4.2. Entidades rurales 14
4.3. Productores agropecuarios 14
4.4. Otros antecedentes 15
5. DATOS DE LOS PRODUCTORES E INSTITUCIONES 15
5.1. Conclusión 18
6. DATOS DE PRECIPITACION 19
6.1. Información pluviométrica....................................19
6.2. Procesamiento de la información....................................20
6.3. Análisis de consistencia 21
6.4. Análisis espacial y temporal 24
6.5. Conclusiones 28
7. ALTURAS Y ANCHOS DE AFECTACIÓN DE LA CRECIDA DEL 2015 28
7.1. Conclusiones 32
8. FOTOGRAFÍAS DE LAS CRECIDAS 33
8.3. Conclusiones 37
9. AREAS DE AFECTACION EN DIFERENTES CRECIDAS....................................38
10. ESTIMACIÓN DE CAUDALES Y ALTURAS HIDROMÉTRICAS 43
11. ANALISIS DE LA SITUACIÓN LOCAL....................................55
11.1. Identificación de actores 56
11.2. Categorización de actores 58
11.3. Conclusiones 59
12. CONCLUSIONES FINALES....................................59
13. AGRADECIMIENTOS 61
14. REFERENCIAS BIBLIOGRAFICAS....................................62

1. INTRODUCCION

La cuenca Carrizales-Monje se encuentra situada en la zona centro-sur de la provincia de Santa Fe y durante los últimos años los cursos hidrográficos de esta zona se han visto afectados por crecidas de forma recurrente.

Como consecuencia, los arroyos tributarios sufren desbordes que ocasionan encharcamientos y diferentes dificultades tanto en zonas rurales como así también en zonas urbanas, ya sea para el desarrollo de actividades agrícolas, ganaderas, de comunicación (como ser intransitabilidad, corte de caminos, roturas de alcantarillas, etc.), entre otros inconvenientes.

Al realizar estudios sobre crecidas, la información específica y principal a disponer es: cuándo ocurrió, a qué altura máxima ha llegado el nivel del agua, magnitud de la superficie afectada y cuánto tiempo han permanecido las aguas.

Al disponer de esa información, es posible dimensionar las consecuencias producidas por las crecidas para que posteriormente los tomadores de decisión y profesionales técnicos evalúen futuras acciones (canalizaciones en los cursos hidrográficos, ampliación o modificación de obras civiles en las vías de comunicación) a realizar para disminuir las afectaciones producidas por las crecientes.

La situación óptima es disponer de estaciones pluviométricas distribuidas en toda la extensión de la cuenca hídrica y de equipos automáticos para medir la altura de agua (o hidrómetros) y del caudal/velocidad emplazados en diferentes secciones de cada curso hidrográfico para evaluar las características de las diferentes crecidas producidas en la cuenca en estudio. Además de una buena cantidad de imágenes de satélites que registren los eventos producidos en diferentes momentos y relacionar el grado de afectación espacial, según la altura alcanzada por el agua.

En contraposición a lo antedicho, si analizamos las condiciones de los datos que se disponen de las diferentes cuencas y subcuencas hídricas en la provincia de Santa Fe, se aprecia una disponibilidad escasa de datos hidrométricos y de imágenes satelitales que documenten dichos eventos. Específicamente, en el Plan Director de los Recursos Hídricos de la provincia de Santa Fe (Gobierno de Santa Fe, 2012) se destaca que se debería completar una red de monitoreo de variables hidrológicas, hidrogeológicas y de calidad de recurso a fin de mitigar los problemas hídricos a nivel provincial.

La mayoría de los cursos principales que integran las cuencas hidrográficas de la provincia de Santa Fe presentan registros hidrométricos con cierta continuidad, que registran en forma diaria y horaria las alturas de agua en secciones de control con obras hidráulicas importantes que generalmente corresponden a la desembocadura de la cuenca.

Esta situación no ocurre en los cursos secundarios, lo que imposibilita establecer con certeza caudales en los sitios intermedios de afluentes y del río principal.

Como consecuencia, esta falta de información requiere de la realización de trabajos de campo para disponer de alturas de agua, anchos de afectación hídrica y efectos producidos por la crecida.

Por otro lado, existen registros fotográficos, documentos escritos e informes orales de diferentes crecidas producidas en varias localidades y regiones, los cuales podrían ser utilizados para establecer niveles de desbordes, magnitud y grado de afectación de las crecidas.

El presente trabajo expone los principales análisis y conclusiones realizados en el proyecto de investigación CAID 2011, titulado “Aplicación de procesos fotogramétricos terrestres en cuencas hidrográficas sin registros hidrológicos sistemáticos, en el contexto de la variabilidad climática”, y que fuera ejecutado en la Facultad de Ingeniería y Ciencias Hídricas de la Universidad Nacional del Litoral.

2. AREA DE ESTUDIO Y PROBLEMÁTICA DE LA CUENCA HÍDRICA

La cuenca Carrizales–Monje está ubicada en el centro–sur de la provincia de Santa Fe, posee un área aproximada de 7078 km², abarcando los departamentos San Martín, San Jerónimo, Iriondo y Belgrano. Limita al norte con el paralelo 32°, al oeste con la cuenca del canal San Antonio que posteriormente se transforma en el arroyo Tortugas (afluentes del río Carcarañá). Al sur limita con el paralelo 32°45´ y al este limita con la ruta nacional N° 11 (mitad sur) y con la ruta provincial N° 10 (mitad norte) (Rojas, et al, 2006).

Está integrada por 11 subcuencas: Cañada Rosquín-Wildermuth, Las Bandurrias, Centeno, Santa Irene, Las Turbias, San Genaro, Las Estacas, Los Leones, Totoras, Canal Irigoyen-Arce, Cañada Carrizales-arroyo Monje (subcuenca de aportes directos). La Figura 1 muestra una imagen de la cuenca y subcuencas.

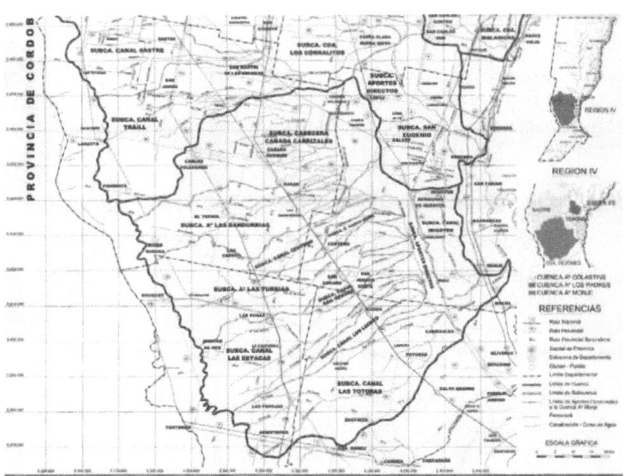

Fuente: MASPyMA; INA-CRL; FICH (2012)

Figura 1: Cuenca del arroyo Carrizales-Monje

La subcuenca del arroyo Las Turbias, en adelante la cuenca de estudio, se encuentra en la parte central, entre 61°55'48" y 61°09'54" de longitud oeste y 32°27'18" y 32°16'00" de latitud Sur (Figura 2). Posee una superficie de 919 km² y sus aportes hídricos escurren hacia la Cañada Carrizales. Limita al norte con las localidades de Centeno, El Trébol y María Susana, al oeste con Bouquet, al sur con Montes de Oca, Las Rosas y San Genaro, al oeste con Díaz y Casalegno. Las principales vías de comunicación terrestre que se encuentran son la ruta nacional N° 34, las rutas provinciales N° 13, 65, 20, 91 y las rutas provinciales secundarias N° 31, 32, 42 y 44. Además se encuentra una red bastante amplia de caminos rurales y vías férreas relacionadas a las empresas Ferrocarriles General Belgrano (FCGB) y Nuevo Central Argentino (NCA).

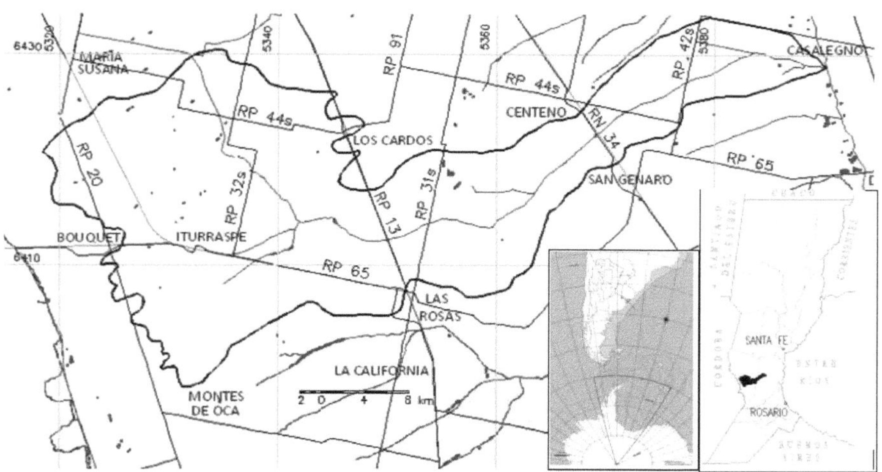

Figura 2: Localización de la cuenca del arroyo Las Turbias

Según el mapa de suelos y aptitudes de Santa Fe confeccionado por el INTA (Instituto Nacional de Tecnología Agropecuaria), la zona centro sur de la provincia de Santa Fe posee un suelo de alta aptitud para uso agrario, específicamente el área de estudio tiene un suelo del Tipo A (muy bueno).

Las cotas máximas, del orden de los 115 m IGN, se encuentran en la cabecera de la cuenca próxima al límite oeste y las mínimas, del orden de los 30 m IGN próximas a la desembocadura de la cuenca del arroyo Las Turbias en el cauce principal de la Cañada Carrizales-Monje (Instituto Nacional del Agua, 2012).

El arroyo Las Turbias atraviesa los departamentos Belgrano (distritos, Las Rosas y Bouquet), Iriondo (distrito Clason), San Jerónimo (distritos San Genaro y Díaz) y San Martín (distritos María Susana y Los Cardos), teniendo una longitud de 81km.

La cuenca inferior corresponde desde la desembocadura en la Cañada Carrizales-Monje (al este) hasta la ruta nacional N° 34, la cuenca media está comprendida entre la ruta nacional N° 34 hasta la ruta provincial N° 13 y la cuenca superior desde la ruta provincial N° 13 hasta la naciente de la cuenca (Figura 3).

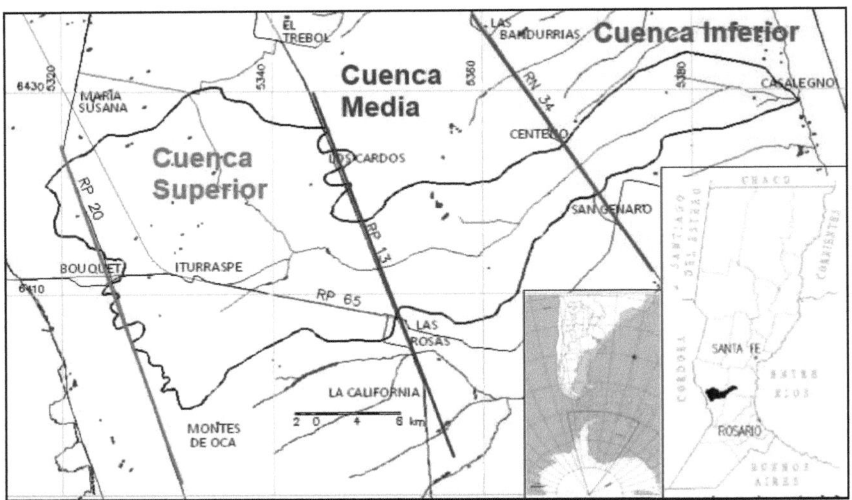

Figura 3: Ubicación de las cuencas superior, media e inferior del arroyo Las Turbias

En su extremo aguas arriba, -la cuenca superior-, el arroyo recibe las aguas de una importante red de canales y bajos naturales (paleocañadas) correspondientes principalmente a los distritos de María Susana, Bouquet y Las Rosas. Esta zona, según Palman (2012), se caracteriza, además, por su escasa pendiente (menor al 1%), a lo que se le suma, la presencia de una amplia red vial que juegan un rol muy importante en el sistema de drenaje ya que, por un lado interrumpen el escaso escurrimiento debido a los altos terraplenes (esto ocurre en general en las rutas principales) y en otras ocasiones hacen de conductores por encontrarse a igual o menor cota que los terrenos lindantes (en general los caminos comunales y particulares).

El mismo autor especifica que en la cuenca media, por el contrario, tiene pendientes importantes, que llegan en algunas zonas al 3% y no posee los rasgos fisiográficos mencionados para la cuenca superior, por lo que no presenta problemas de anegamiento. Se han contabilizado por lo menos 21 cruces viales en este tramo, incluyendo la ruta nacional N° 34, el FCGB y la traza vieja de la ruta 34.

En la cuenca inferior, también se presenta una zona con bajas pendientes aunque no inferiores a las de la cuenca superior. Presenta bajos de importantes dimensiones (anchos y largos) que van paralelos al cauce principal en algunos casos y en otros han sido canalizados hacia éste. Esta zona, debido a los procesos de hidromorfismo, presenta suelos de menor calidad para la agricultura (Palman, 2012).

Según Pasotti (1966), las cañadas Rosquín y Carrizales presentan un rumbo SE, tienen un origen tectónico y durante las lluvias excepcionales las aguas pueden cubrir una zona de varios kilómetros de ancho, lo que constituye un serio problema tanto desde el punto de vista hidráulico como agrícola.

Siri (2015), especifica que el arroyo Las Turbias en los últimos años ante precipitaciones copiosas, especialmente en los años 2009, 2012, 2013 y 2014 ha desbordado, anegando gran parte de los campos. Si bien las obras de ensanche, reacondicionamiento y extensión del canal en el sector superior de la cuenca han comenzado, como lo dispone el proyectos ejecutivo, hay inquietudes e incertidumbres por parte de los productores de la zona en cuanto a si el canal proyectado, fue diseñado teniendo en cuenta el trasvase de caudales de la cuenca superior del arroyo Las Bandurrias. Este trasvase produce un aumento de los volúmenes de agua, disminución del tiempo de concentración, mayores caudales y que por lo tanto estas condiciones producen anegamientos adicionales en los campos ubicados aguas abajo.

A su vez Palman (2012), detalla que el ritmo de las inundaciones en la cuenca del arroyo Las Turbias, en promedio, es de una inundación cada dos años y los principales factores que intervienen en los problemas de anegamiento son: la baja capacidad de escurrimiento, la interferencia de las vías de comunicación sumado al sub-dimensionamiento de las obras de arte, el manejo inadecuado del suelo, las canalizaciones clandestinas y la incapacidad del arroyo para evacuar los excedentes pluviales.

Bajo estas condiciones, como plantea Paoli (2015), el manejo de los recursos hídricos de la cuenca se realiza en un marco de optimizar los beneficios individuales (a lo que aspira cada productor o propietario afectado), de comunidades (necesidades de cada pueblo o ciudad) o de sectores tanto desde el punto de vista privado como del estado, por sobre la necesidad de optimizar los beneficios del conjunto.

3. BÚSQUEDA Y ANÁLISIS DE ANTECEDENTES

Antes de comenzar cualquier estudio o análisis en una región geográfica es necesario realizar una recopilación de antecedentes para identificar qué tipo de información hay, qué instituciones o profesionales participaron en la generación de dicha información, que antecedentes o información básica se utilizó, que procedimientos técnicos se aplicaron, en que época o período de tiempo se realizó, etc.

También, según las características temáticas o temporales del estudio, va a exigir la búsqueda de antecedentes en fuentes generales o especializadas. Además hay situaciones, donde surgen inconvenientes relacionados a la disponibilidad de la información, ya que muchas veces la ejecución de estudios en una región geográfica está relacionada a la importancia socio-económica que presenta dicha región. Todo esto condiciona las características y calidad de los antecedentes recopilados, si es posible utilizar dicha información en forma parcial o total, o si es necesario buscar o generar nuevos datos.

Al realizar estudios sobre inundaciones, la información específica y principal a disponer es: fecha del pico del evento, alturas alcanzadas por las aguas, superficie afectada y tiempo de permanencia. Con esta información será posible establecer diferentes grados de afectación hídrica, según el conjunto de inundaciones analizadas, en la región geográfica.

Como consecuencia, se realizó una búsqueda por internet en instituciones, organismos y entidades públicas y privadas (de carácter nacional, provincial, municipal, regional o local) que podían llegar a disponer de información relacionadas con la cuenca de estudio. Se estableció contacto por e-mail, en forma telefónica o personal al fin de evaluar la disponibilidad de la información.

3.1. Antecedentes cartográficos

Inicialmente se recopilaron las publicaciones de las cartas topográficas confeccionadas por el Instituto Geográfico Nacional (IGN). Se pudo acceder a las cartas denominadas: María Susana (3363-6-3), El Trébol (3363-6-4), Bouquet (3363-12-1), Las Rosas (3363-12-2), Estación California (3363-12-4), Centeno (3360-1-3) y San Genaro (3360-7-1). No se pudo disponer de las cartas 3360-1-4 y 3360-7-2.

En relación a la topografía, las curvas de nivel representadas en las cartas topográficas realizadas por el IGN (cuyos levantamientos fueron realizados en el año 1958 o previamente a ello) según información brindada por los propietarios privados representan muy bien las características geográficas de la región.

A nivel provincial se recurrió al Servicio de Catastro e Información Territorial (SCIT) y al Ministerio de Infraestructura y Transporte (MIT). Se pudo acceder a archivos digitales vectoriales que representaban los límites políticos, vías de comunicación férrea, vías de comunicación vial (de carácter nacional, provincial y comunal), hidrografía (ríos, riachos, arroyos, bajos, cañadas, canales, lagunas), curvas topográficas, límites de cuencas, límites de parcelas catastrales y topónimos. En la Dirección Provincial de Vialidad (DPV) se recopilaron dos planos planialtimétricos conforme a obra en la ruta N° 13, tramo Carlos Pellegrini–Las Rosas realizados en febrero de 1961 y en octubre de 1995.

A nivel regional, la municipalidad de la localidad de Las Rosas ofreció un plano urbano de la ciudad y también un plano del distrito y el Comité de Cuenca del Arroyo Las Turbias facilitó un plano con los límites de la cuenca.

3.2. Antecedentes topográficos

Haciendo contacto con el Departamento de Geodesia del IGN, se dispuso de un listado de puntos fijos localizados en la cuenca. En la Dirección Nacional de Vialidad (DNV, distrito Santa Fe), se estableció contacto con técnicos que informaron que la institución no dispone de una red de puntos fijos.

En el Centro de Documentación del MIT, analizando expedientes y planos, se identificaron puntos planialtimetricos que se utilizaron para el desarrollo y ejecución de los anteproyectos y proyectos de las obras de arte y canalización del arroyo Las Turbias. En la DPV, los profesionales técnicos manifestaron que no disponen de una red de puntos fijos establecida por la Dirección.

En la localidad de San Genaro, la municipalidad dispone de una red de puntos fijos locales. Y en la localidad de Centeno, se localizó un punto fijo del IGN.

Analizando estos antecedentes, se pudo establecer que en la superficie de la cuenca, se encuentran emplazados 30 puntos planialtimétricos y 6 en las localidades urbanas (1 en Centeno, 3 en San Genaro y 2 en Las Rosas) implementados por el IGN. En el desarrollo de los estudios topográfico sobre el arroyo Las Turbias, el MIT ha materializado un total 68 puntos fijos en una extensión de 73 km. Y en una propuesta de prolongación en la canalización de 9 km una cantidad de 9 puntos fijos.

3.3. Antecedentes hidrológicos y metereológicos

La Subsecretaría de Recursos Hídricos de la Nación (2014), dispone de mediciones en el arroyo El Monje en la intersección con la autopista Santa Fe-Rosario: alturas hidrométricas desde octubre de 2011 hasta actualidad; aforos desde abril de 1984 hasta noviembre de 2017; datos puntuales de caudales en septiembre de 1988 y parámetros de calidad en enero de 2017. En la intersección de un camino rural próximo a la autopista Santa Fe-Rosario con el arroyo El Monje (latitud: 32° 23' 02,40" y longitud: 60° 54' 31,60"), dispone de datos de alturas hidrométricas desde junio de 1988 hasta actualidad. La FICH-UNL desarrollo un proyecto de extensión interés social en el cual se registraron las alturas hidrométricas del arroyo Las Turbias en la intersección con la ruta nacional N° 34 desde mayo de 2004 a febrero de 2008.

En el Centro de Documentación del MIT, se recopilaron expedientes que presentaban estudios hidrológicos/hidráulicos, ambientales y de reclamos.

La información recopilada se analizó y se clasificó en función del tipo de estudio y el período bidecádico desde el año 1940 a la actualidad, en que ocurrieron. Los estudios Hidrológicos/Hidráulicos y Ambientales (H) contemplan aquellos trabajos específicos de carácter regional (estudios de excedentes hídricos), puntual (registros hidrométricos, ubicación de pluviómetros) e incluyen estudios de calidad de agua. Los Reclamos (R) incluyen todas las quejas y/o solicitudes de vecinos, Comunas, Comité de Cuencas e Instituciones al MIT, de actuaciones relativas a conflictos e inconvenientes de origen hídrico. Las Obras de Arte (A) comprenden las alcantarillas y puentes. Y los estudios Topográficos (T) incluyen: estudios planialtimétricos, perfiles longitudinales y transversales. En la Tabla 1 se muestra la cantidad y la distribución temporal de los estudios (Morresi, 2014).

Si analizamos la Tabla 1, se aprecia que desde 1940 hasta 1979 los estudios fueron muy escasos y a partir de 1980 hasta la actualidad se viene realizando estudios específicos. Los primeros antecedentes corresponden al año 1948 y los trabajos de canalización y obras de arte empezaron a ejecutase en el año 1993.

Para analizar la distribución espacial-temporal de los expedientes, se decidió representar la información recopilada en la base cartográfica de la cuenca mediante el posicionamiento de la información con un software de diseño asistido por computadora; se localizaron espacialmente los estudios topográficos (ya que presentaban progresivas en relación al origen de los cursos o en relación a vías de comunicación) y las obras de arte y estudios hidrológicos/hidráulicos y ambientales (por medio de la localización de los cursos hidrográficos y la intersección con las vías de comunicación vial y férrea, de carácter nacional, provincial o local).

Tabla 1: Clasificación de expedientes de la cuenca del arroyo Las Turbias

Período	T	A	H	R	Total
1940-1959	1		1		2
1960-1979	1			1	2
1980-1999	4	7	1	1	13
2000-2014	8	4	1	6	19

Referencias: estudios topográficos (T), obras de arte (A), estudios hidrológicos/hidráulicos y ambientales (H) y reclamos (R)

Se adoptó el criterio de identificar los períodos bidecádicos en diferentes colores: el período 1940-1959 se representó en color anaranjado, el período 1960-1979 en color verde, el período 1980-1999 en color azul y el período 2000-2014 en color magenta. Los estudios topográficos se representaron en forma lineal. Las obras de arte se demarcaron en forma puntual por medio de un diseño con forma de cuadrado y los estudios hidrológicos/hidráulicos y ambientales por medio de un diseño con forma de triángulo (Bogusz et al, 2014; Figura 4).

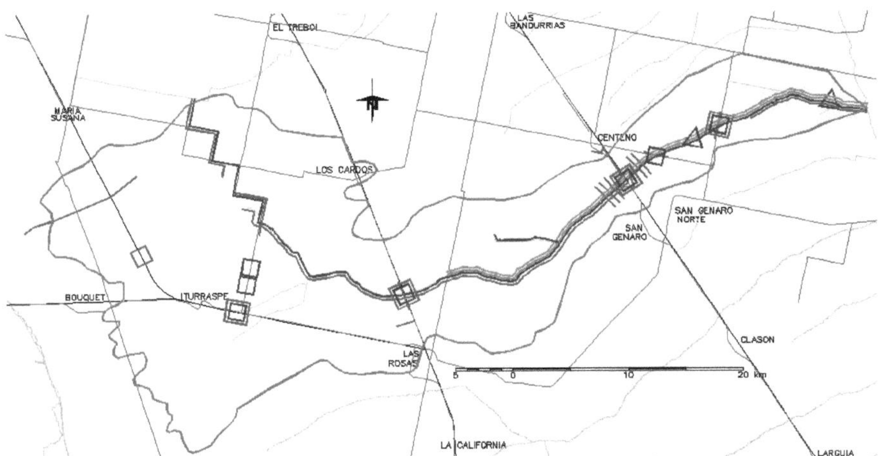

Figura 4: Representación espacio-temporal de expedientes del MIT

Si analizamos la Figura 4, podemos observar que en el período 1940-1979 se realizaron estudios topográficos en el curso principal del arroyo hasta cerca de la intercepción de la ruta provincial N° 13. En el período 1980-1999 se realizaron trabajos topográficos en todo la extensión del curso principal y un curso secundario, estudios hidrológicos/hidráulicos y ambientales en la cuenca inferior y obras de artes en el curso principal (cuenca media e inferior) y en rutas provinciales secundarias de la cuenca superior. En el período 2000-2014, los estudios topográficos se realizaron principalmente en el curso principal (cuenca media y superior) y en otros sectores específicos de la cuenca y obras de arte en intercepción del curso con principales rutas y en otros sectores y en vías férreas de la cuenca superior.

En relación a los registros pluviométricos, inicialmente se localizó una página web perteneciente a la Dirección Provincial de Comunicaciones de Santa Fe (DPC), donde se presentaban los datos ordenados por departamento político y por localidad, con registros diarios desde el año 1987 hasta la actualidad (Gobierno de Santa Fe, 2014). Posteriormente se generó una planilla con los datos de precipitaciones del periodo de registro común en las principales localidades de Bouquet, Las Rosas, Los Cardos, Centeno y San Genaro, desde el año 2002 hasta 2017. También se solicitaron datos al Centro de Informaciones Meteorológicos (CIM-FICH-UNL), donde se verificó que concuerdan con los obtenidos en la página web de la provincia. Además se consultó al archivo histórico del Servicio Meteorológico Nacional (SMN) y a datos recopilados por el Instituto Nacional de Tecnología Agropecuaria (INTA).

Además, se buscaron otras estaciones meteorológicas circundantes al área de estudio y se identificaron aquellas pertenecientes a la Cooperativa Telefónica de Villa Gobernador Gálvez, Rufino Clima, Estación Meteorológica Las Parejas (municipal), San José de la Esquina (municipal), Cooperativa Agrícola y Ganadera (Monje), Cooperativa Agropecuaria AFA - Ministerio de Producción (Las Rosas), Cooperativa Agropecuaria AFA (Los Cardos).

Analizando los registros pluviométricos recopilados por el Gobierno de la provincia de Santa Fe, en las localidades de Bouquet, Los Cardos, Las Rosas, Centeno y San Genaro desde el año 2002 hasta el año 2017 (Tabla 2), se observa que las mayores precipitaciones más significativas ocurridas a nivel regional en la cuenca fueron en los años 2002, 2007, 2012 y el año 2016 (sin considerar las estaciones cercanas a la desembocadura de la cuenca).

Tabla 2: Precipitaciones anuales en localidades

Años	Localidades				
	Bouquet	**Los Cardos**	**Las Rosas**	**Centeno**	**San Genaro**
2017	715	661	719	869	882
2016	1252	1236	1087	649	869
2015	687	865	697	539	526
2014	754	887	991	656	749
2013	599	817	867	663	801
2012	1255	1138	1319	1302	1449
2011	560	1007	770	891	943
2010	502	517	556	576	736
2009	759	498	787	444	554
2008	518	616	469	594	694
2007	894	1033	930	1031	1212
2006	1000	953	860	927	991
2005	969	920	820	896	895
2004	702	701	718	754	775
2003	872	738	734	1102	1149
2002	1156	999	1219	1425	1607

Los ferrocarriles General Belgrano (FCGB) y Nuevo Central Argentino (NCA), no poseen estudios específicos sobre afectaciones producidas por las inundaciones en el área de estudio. Solamente, el NCA proporcionó un informe que documentaba con fotografías las afectaciones de la creciente del año 2007 en la intersección de la Cañada Carrizales con la línea férrea, que conecta las localidades de Díaz y Carrizales.

Con respecto a los antecedentes que registraban niveles de agua alcanzados en las inundaciones, se pudo observar en las alcantarillas representadas en los planos de expedientes del MIT (del año 1994), en el perfil longitudinal de las vías férreas del NCA respecto de las alturas de agua en la inundación del año 2007 y en el plano de la ruta provincial N° 13 del año 1961, realizado por la DPV, donde se especifica que la crecida máxima registrada hasta ese momento correspondió a una cota de 83,50 m IGN.

También se accedió a informes técnicos generales y específicos, producidos por el Instituto Nacional del Agua (INA), por el MIT, Universidad Nacional del Litoral (UNL), entre otros. Estos informes presentaban temas relacionados a: estudios sobre plan director de recursos hídricos, estudios integrales, zonificación de áreas inundables, acueductos, gasoductos, etc. Específicamente, la Dirección Provincial de Drenajes y Retenciones del MIT, facilitó informes técnicos relacionados a crecidas ocurridas en la cuenca Carrizales-Monje en febrero de 2012 y octubre de 2013.

3.4. Antecedentes fotográficos

La Dirección Provincial de Drenajes y Retenciones del MIT, proporcionó diferentes registros fotográficos realizados desde 2009 hasta la actualidad en diferentes inspecciones de obra de la cuenca Carrizales-Monje (crecidas de marzo de 2012, noviembre de 2013 y abril de 2014) pero no eran específicos de la cuenca del arroyo Las Turbias. El Comité de Cuenca del Arroyo las Turbias, facilitó registros fotográficos de las primeras obras de canalización realizada en los años de 1993.

Luego se realizó una búsqueda en el portal de noticias del Gobierno de la provincia de Santa Fe y se accedió a documentos que presentaban fotografías de las afectaciones hídricas producidas en el año 2007 en la localidad de Coronda, Santa Fe y autopista Santa Fe-Rosario. Posteriormente, se recurrió al archivo fotográfico del diario El Litoral (de la ciudad de Santa Fe), que facilitó información de afectaciones hídricas ocurridas en el año 2007 en localidades (Coronda, Franck, San Carlos) o en obras de arte (la autopista Santa Fe-Rosario, ruta provincial N° 11) próximas a la ciudad capital.

El municipio de Las Rosas proporcionó fotografías de crecidas ocurridas sobre la intersección de la ruta provincial N° 13 con el arroyo Las Turbias (marzo de 2007 y diciembre de 2012) y con el Bajo Valdano (noviembre de 2013) y la intersección de la ruta nacional N° 178 con el arroyo Tres Lagunas (diciembre de 2012). El municipio de Centeno suministró fotografías de afectaciones producidas en la parte urbana, caminos comunales, ferrocarril y puentes, en precipitaciones ocurridas en octubre de 2012 y octubre de 2013. Los municipios de San Genaro y Los Cardos no disponían de registros fotográficos.

4. BUSQUEDA DE INFORMACIÓN LOCAL DE PRODUCTORES E INSTITUCIONES

Los antecedentes recopilados en instituciones nacionales, provinciales regionales y municipales presentadas previamente, referidas al aspecto cartográfico, topográfico y datos pluviométricos, en general son de buena calidad para el nivel de análisis que se abordó en este estudio.

No obstante, se disponía de muy poca información sobre las características y efectos de las crecidas ocurridas en el arroyo Las Turbias, por lo que se debió recurrir a otras fuentes de información para disponer de los datos: cantidad de inundaciones, alturas de agua alcanzadas por las crecidas, anchos de planicies de inundación afectadas y duración de las inundaciones.

4.1. Medios de comunicación

En el portal web de la provincia de Santa Fe se accedió a un listado por departamento políticos de los medios de comunicación (diarios, periódicos y portales informativos, televisoras y radios AM y FM) donde se especificaba, localidad, nombre, dirección, teléfono, pagina web y correo electrónico. Posteriormente se los contactó por estas vías o personalmente para evaluar la disponibilidad de información.

Inicialmente se buscó información en los medios de comunicación de las localidades de San Genaro, Centeno, Las Rosas, Los Cardos e Iturraspe. En la Tabla 3 se detallan las localidades que brindaron información.

Tabla 3: Disponibilidad de información en medios de comunicación

Localidades	**Medio de comunicación**	**Cantidad**	**Disponibilidad de información**			
			No Respondió	No tenía	Si Tenía	Nuevo contacto
San Genaro	Diarios	6	-	-	1	-
	Radios	6	4	1	1	-
	Televisión	3	-	2	1	3
Las Rosas	Diarios	3	3	-	-	-
	Radios	4	4	-	-	-
	Televisión	3	2	-	1	-

Específicamente, el diario Convergencia de la ciudad de San Genaro, nos suministró registros fotográficos de afectaciones producidas en la parte urbana de San Genaro (abril de 2014), sobre la intersección de la ruta provincial N° 34 con el arroyo Las Turbias (diciembre de 2012) e intersección de la ruta provincial N° 34 y N° 65 (octubre de 2012, diciembre de 2012 y octubre de 2013). De los diarios en formato digital no se obtuvieron datos, solo uno de ellos se contactó vía e-mail.

De los contactos realizados a las radioemisoras, se obtuvo información relacionada a personas de la localidad que podrían tener registros fotográficos. Lo mismo aconteció con el canal de televisión 4 de San Genaro que proporcionó el contacto del encargado de un programa rural quien facilitó una lista de productores rurales afectados por las inundaciones.

4.2. Entidades rurales

A nivel nacional existen diferentes organizaciones rurales, como ser: la Sociedad Rural Argentina (SRA), la Federación Agraria Argentina (FAA), la Confederaciones Rurales Argentina (CRA) y la Confederación Intercooperativa Agropecuaria Cooperativa Limitada (CONINAGRO). Algunas de ellas tienen representación regional como el distrito Rosario de FAA que corresponde al área de estudio.

También, se localizó la cooperativa agropecuaria denominada Agricultores Federados Argentinos S.C.L. (AFA). Esta presenta 26 centros cooperativos primarios distribuidos en 9 provincias y tiene sub-centros en las localidades de Las Rosas, Los Cardos y San Genaro. En la localidad de Centeno, también se localizó la Cooperativa de Tamberos y Agrícola Ltda.

Las cooperativas previamente enunciadas, facilitaron contacto con productores agropecuarios que tienen sus propiedades lindantes o próximas al arroyo Las Turbias. Además los AFA de Los Cardos y San Genaro, ofrecieron sus instalaciones para realizar reuniones con los productores.

El AFA San Genaro y la empresa Agroservicios Pampeanos (ASP, agrocentro San Genaro) facilitaron datos de precipitaciones.

4.3. Productores agropecuarios

El Comité de Cuenca del Arroyo Las Turbias, ofreció datos telefónicos de personas que integran e integraron el consejo directivo de dicho Comité. Las cooperativas agropecuarias AFA y de Tambero y Agrícola Ltda brindaron datos telefónicos y de correo electrónico de productores agropecuarios asociados a las mismas, como también contactos de diferentes profesionales e instituciones que podrían disponer de información.

De esta manera se coordinaron visitas (individuales o grupales, que fueron registradas en un grabador digital) para hacer la recolección de la información. En algunos casos los productores ofrecieron información a través de correos electrónicos.

En el caso de los productores agropecuarios asociados a las cooperativas agropecuarias AFA, se organizaron charlas en las instalaciones de las localidades de San Genaro y Los Cardos. Allí se realizaron conversaciones, observación de fotografías y reconocimiento en campo de las propiedades afectadas. Los productores confirmaron que disponían de datos de precipitaciones, alturas de agua, de napas freáticas, fotografías aéreas, terrestres y filmaciones de las inundaciones y marcas de altura de afectación hídrica en elementos físicos distribuidos en sus propiedades. En la Figura 5 se detalla en color celeste la distribución espacial de las propiedades de los productores agropecuarios contactados.

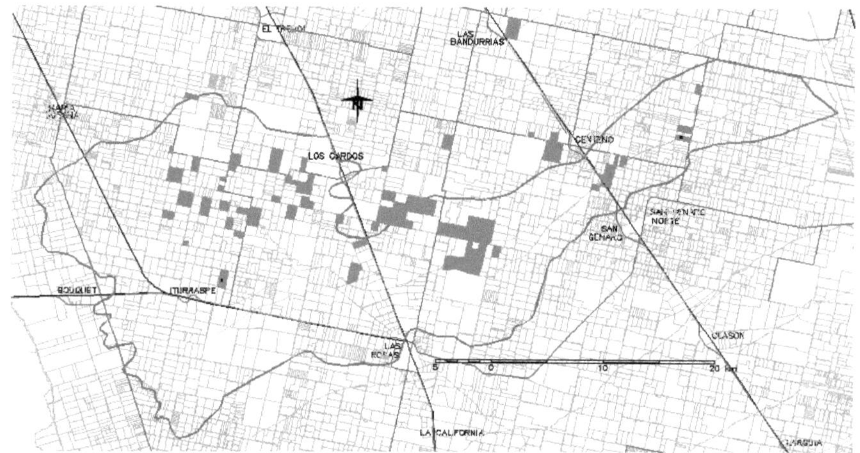

Figura 5: Distribución espacial de los productores agropecuarios

4.4. Otros antecedentes

A fin de localizar posibles registros fotográficos aéreos de las afectaciones hídricas, se realizó una búsqueda de aeródromos a nivel regional. Se logró identificar al Aeroclub San Jorge, Aeroclub Gálvez, Aeródromo Cañada Rosquín y Aeroclub Cañada de Gómez. El último aeroclub mencionado manifestó que habían realizado vuelos con ese objetivo en la localidad donde se encuentran radicados.

La Secretaría de Regiones, Municipios y Comunas, del Ministerio de Gobierno y Reforma del Estado, aportó datos de las autoridades (apellido y nombre, teléfono, fax, dirección) de las localidades que se encontraban en los departamentos políticos relacionados al área de estudio.

El Comité de Cuenca del Arroyo Las Turbias facilitó copias de los decretos de la constitución del mismo (Decreto 3338, del 13 de octubre de 1992) y de la modificación de la cantidad de distritos que integran dicho Comité (Decreto 0604, del 6 de mayo de 1996) que posteriormente se amplió por Decreto Provincial Nº 2769 del 27 de agosto de 2015, por el cual se incorporan otras localidades constituyéndose el Comité de Cuencas Las Turbias-Las Bandurrias. También se estableció contacto con diferentes empresas locales y regionales (aseguradoras, fumigadoras, etc.) al fin de corroborar datos obtenidos sobre fecha de los eventos climáticos y disponibilidad de información sobre los mismos.

5. DATOS DE LOS PRODUCTORES E INSTITUCIONES

Inicialmente, la intención era establecer las fechas y duraciones de las crecidas como también las consecuencias que producían las mismas al fin de determinar las características principales de dichos eventos. Como consecuencia se analizaron las conversaciones realizadas (entre junio de 2014 a junio de 2015) a los productores agropecuarios, instituciones y municipalidades locales contactadas y se realizó una planilla donde se representaron las características de las crecidas (fecha y duración, Tabla 3) y efectos o consecuencias de las mismas (Tabla 4) (Gardiol, 2015).

Tabla 3: Características de las crecidas

Contacto	**Fecha crecida**							**Duración** (días)		
	1983/4	**1989/94**	**2007**	**2009**	**2012**	**2013**	**2014**	**1983-89**	**2012**	**2013**
Ferrero					nov (f)		13 feb(f)			
Srhoj										1 ruta
Natali G.						nov				
Natali J.		1991					23 feb(f)			
Batochi	1983	93/94			20 dic					
Valtorta				7 ene						
Giordanino M.					dic			3		
Tauriano	1984					31-1 nov				
Motura									4 a 5	4 a 5
Giordanino S.					21 dic(f)					
L Rosas		31 nov 90	31 mar	dic	20-21 dic(f)	1 nov(f)			2 a 3	
Pranzetti					20 dic(f)					
Gagliardo			(f)							
Vagnoni						03 nov(f)		meses	2 a 3	
Piatti							abril			
Labas		1991			20 dic					
Lenzi			(f)							
AFA SG						31-1 nov				
Centeno					22-Oct	oct				
Diario		1991			19-21 dic(f)	31-1 nov	19 abr			
Franchi					19 dic		rápida	varios	2	2
Mangiaterra						01 nov(f)				
Bartorelli E.					rápida	2 nov(f)		7 a 8	2 a 3	
Bartorelli C.		28 nov89			19 dic	1-2 nov(v)		3 a 5	1 a 2	

Referencia: (f)= disponibilidad de fotografías, (v)= disponibilidad de video

En relación a los contactos presentados en dichas tablas corresponden a: productores localizados en la cuenca inferior (desde Bartorelli C. a Franchi), en la cuenca media (desde Lenzi a Pranzetti) y en la cuenca superior (desde Giordanino S. a Ferrero), instituciones municipales (Centeno, L Rosas), cooperativa agropecuaria (AFA SG) y al diario Convergencia (Diario).

Se observó que había diferencia entre las fechas de las crecidas proporcionadas por los productores y las instituciones consultadas y se decidió analizar los registros de precipitaciones documentados por los productores Tauriano y Motura. De la comparación de montos pluviométricos surgió que en el período 1983/84 la mayor precipitación se produjo en el mes de febrero de 1984 con 425 mm; en el período 1989/94 se produjo en diciembre de 1991 con 256 mm y en octubre de 1993 con 257 mm; en el año 2009 en diciembre precipitaron 305 mm y en el año 2012 precipitaron en octubre 220 mm y en diciembre 190 mm. Y en el caso de las crecidas del año 2007 precipitaron en marzo 363 mm, en noviembre de 2013 207 mm y en abril de 2014 141 mm.

Tabla 4: Efectos de las crecidas

Contacto	**Efectos**								**Canal**	**Camino**
	cosecha	animal	veloc.	alcant.	surcos	alamb.	obras	bordos	clandest.	canal
Batochi	X							X		X
Valtorta										
Giordanino M.								X	X	
Tauriano	X						2000-12		X	
Motura						70 m	97-98	X	X	
L Rosas								X		
Vagnoni				X			95			
Brioschi							93-94			
Piatti	X			X		100 m			X	
Labas							92-93			X
Lenzi			X			6000 m				X
AFA SG			X						X	
Centeno							1996			erosión
Franchi			X							
Mangiaterra			X			X				
Bartorelli E.		X	X		X					
Bartorelli C.	X	X	X	X		X				X

Referencias: veloc.= velocidad, alcant.= alcantarilla, alamb.= alambrado, clandest.= clandestino

En relación a la duración en días de las crecidas se aprecia que los eventos producidos en 2012 y 2013 tuvieron una duración corta entre 2 a 3 días y para aquellas crecidas del período 1983/89 presentaron una duración de 7 a 8 días. En el caso específico del productor Motura donde manifestó que la duración fue entre 4 a 5 días en las crecidas previamente enunciadas, es necesario destacar que su propiedad se encuentra en un sector donde la topografía es muy plana.

Respecto a la magnitud de las precipitaciones ocurridas en esos eventos hidrológicos algunos productores manifestaron valores de 150 mm, 400 mm o 800 mm para un mismo evento. Por lo tanto al analizar estos valores con los registros de precipitaciones recopilados se observó que dichos montos correspondían a diferentes periodos de tiempo: un par de días, un mes o varios meses. En relación a las alturas de agua de las crecidas algunos productores proporcionaron magnitudes relacionadas a elementos físicos (piso de la casa o del tinglado, poste, sobre el camino) o en general (mayor o igual a tal crecida).

En relación a los efectos o consecuencias producidos (Tabla 4) por las crecidas enunciadas previamente los productores manifestaron problemas de cortes o socavamiento de postes de alambrados y de afectación en la cosecha en toda la extensión de la cuenca. En la cuenca media e inferior enfatizaron el socavamiento de alcantarillas que cruzan el arroyo Las Turbias. Y también en la cuenca inferior destacaron el aumento de la velocidad del agua, la generación de surcos en los campos y la muerte de animales.

En relación a las obras realizadas en el cauce (aumento de la sección, limpieza, construcción de alcantarillas), señalaron que las mismas empezaron en 1992 en la cuenca inferior y media y en los últimos años están trabajando en la parte superior.

Otro detalle a destacar, es que en la cuenca media y superior los productores realizan canales clandestinos para evacuar las aguas de sus propiedades. Y en la cuenca superior, también algunos realizan bordos de tierra para desviar el escurrimiento de las aguas. Toda esta situación influye en que los caminos rurales trabajan como canales de desagüe en toda la extensión de la cuenca.

Al consultarlos sobre las posibles causas de las grandes crecidas en los últimos años, los productores manifestaron como posible origen: las grandes precipitaciones en la cuenca superior, trasvase de agua de otras cuencas, desvío de aguas a través de un canal mal diseñado, la falta de absorción de la tierra por la elevación de las capas de aguas (desde 1990) o por el cambio de los métodos de producción agrícola (siembra directa desde 1978).

5.1. Conclusión

En relación a las fechas de las crecidas la mayoría de los productores manifestaron específicamente el día cuando se produjo las últimas crecidas significativas (2012 y 2013), mientras que las fechas de los años 2014 y las anteriores a 2009 indicaban el mes o el año. Esta diferencia de percepción puede estar destacada ya que los productores manifestaron que las alturas de agua en las crecidas de 2012 y 2013 fueron las más importantes de todas las crecidas acontecidas y como consecuencia las que más efectos adversos produjeron.

Inicialmente las crecidas duraban de 4 a 8 días pero al canalizarse el arroyo Las Turbias (a partir de 1992) las aguas comenzaron a evacuarse más rápido y como consecuencia las crecidas duraban entre 1 a 3 días. Algunos productores manifestaban con mucha seguridad los valores de precipitaciones o alturas de agua alcanzadas por las crecidas, mientras que otros productores expresaban referencias generales. Debido al acceso a la tecnología las últimas crecidas presentan mayor cantidad de registros fotográficos o de videos obtenidos desde teléfonos celulares.

Al producirse precipitaciones importantes (entre 200 a 400 mm) estas afectan principalmente las actividades agrícolas (cosecha) para lo cual los productores realizan canales clandestinos en sus propiedades o bordos de tierra (para evitar el acceso del agua) y como consecuencia se concentra una mayor cantidad de agua en el arroyo y hasta los caminos rurales se transforman en canales de desagüe. Debido a que el arroyo se encuentra canalizado en una extensión de 65 km al ir escurriendo el agua aumenta su velocidad lo que origina procesos erosivos en las alcantarillas que cruzan el arroyo, socavando alambrados y el interior de los campos y ahogando animales.

Los productores creen que las causas de las crecidas estarían relacionadas a eventos naturales (precipitaciones convectivas y profundidades freáticas altas) y antrópicos (obras de canales mal proyectadas, trasvase de cuencas y siembra directa).

6. DATOS DE PRECIPITACION

La precipitación es uno de los procesos meteorológicos más importantes para la hidrología, y junto a la evaporación constituyen la forma mediante la cual la atmósfera interactúa con el agua superficial en el ciclo hidrológico del agua. Las pruebas gráficas son herramientas imprescindibles en el análisis exploratorio de datos y permiten identificar, de forma simple, si las series de datos son consistentes, si presentan tendencias o cambios y el periodo donde éstos se producen (Castro et. al, 2010). Por otro lado la precipitación es una componente que generalmente posee una densidad de registro, más extensa y continua que los datos hidrométricos.

Uno de los principales inconvenientes que afecta directamente a la Gestión Integrada de Recursos Hídricos es la falta de datos, la carencia de registros continuos, secciones de control sin mediciones, imposibilidad de sostener redes de monitoreo lo suficientemente densas para poder realizar los distintos estudios hidrológicos pertinentes. Hay varios requisitos esenciales que debería satisfacer un programa eficaz de evaluación de los recursos hídricos (OMM, 2011):
a) deberán recopilarse datos de alta calidad que permitan un análisis estadístico fiable;
b) los datos e información que se obtengan de tales programas deberán adecuarse a las necesidades de los usuarios;
c) para obtener una utilidad máxima, será necesario un programa de observación integrado que contemple la medición simultánea de distintas variables;
d) deberá disponerse de otros tipos de información que sean compatibles con la información sobre los recursos hídricos y que puedan ser analizados juntamente con ella; y
e) se necesitará un sistema eficaz de archivado y difusión de los datos que impida que éstos se pierdan o se corrompan, y que los mantenga disponibles en un formato que permita su análisis.

6.1. Información pluviométrica

Luego de la búsqueda de información pluviométrica proveniente de distintas fuentes se observó cierta variabilidad y/o discontinuidad de los registros pluviométricos. Para el estudio se consideró la serie 1956-2017, cuyo detalle se muestra en la Tabla 5. La mayoría de las estaciones inician en el año 1956 y pertenecen al SMN, cuya operación y mantenimiento estaban a cargo por personal del ferrocarril hasta el año 1990. Desde 2002 hasta la fecha son monitoreadas por la DPC que mantienen la continuidad de los registros. Las estaciones Larguía e Iturraspe dejaron de funcionar y no forman parte de la red pluviométrica actual.

Tabla 5: Red pluviométrica de la cuenca del arroyo Las Turbias

Estación	Serie	Ubicación		Departamento	Fuente
		X (m)	**Y** (m)		
Los Cardos	1956-2017	5346210.09	6423026.30	San Martín	SMN-DPC
Ma. Susana	2002-2017	5320774.74	6429122.64	San Martín	DPC
Las Rosas	1975-2017	5351811.19	6406095.29	Belgrano	EEA INTA Oliveros
San Genaro	1956-2017	5372623.09	6418594.15	San Jerónimo	SMN-DPC
Centeno	1956-2017	5367113.48	6426740.89	San Jerónimo	SMN-DPC
Bouquet	2002-2017	5322233.25	6411553.21	Belgrano	DPC
Iturraspe	1956-1988	5331925.94	6411731.77	Belgrano	SMN
Larguía	1956-1982	5385564.75	6398051.34	Iriondo	SMN
Clarke	1956-2017	5403209.44	6403064.05	Iriondo	SMN-DPC
Salto Grande	1956-2017	5397790.98	6385808.65	Iriondo	SMN-DPC
Díaz	1956-2017	5397388.43	6418102.64	San Jerónimo	SMN-DPC
Casalegno	1956-2017	5393920.24	6430524.89	San Jerónimo	SMN-DPC
El Trébol	1956-2017	5339838.274	6436748.861	San Martín	SMN-DPC
Casas	1956-2017	5354523.64	6445070.70	San Martín	SMN-DPC
Montes de Oca	1956-2017	5333807.93	6395945.87	Belgrano	SMN-DPC
Bdo. de Irigoyen	1956-2017	5390357.09	6440781.27	San Jerónimo	SMN-DPC
Las Bandurrias	1956-2017	5359693.70	6436750.09	San Martín	SMN-DPC
Clason	1956-2017	5378761.30	6407991.38	Iriondo	SMN-DPC
Natalí	1999-2014	5332907.96	6423854.11	San Martín	PARTICULAR
Motura	1975-2014	5332076.155	6416664.49	Belgrano	PARTICULAR
Tauriano	1963-1973 2003-2014	5337175.37	6419643.37	Belgrano	PARTICULAR
Brioschi	2012-2014	5356141.59	6414823.99	Belgrano	PARTICULAR
Vagnoni	1988-2013	5358543.40	6417359.03	San Jerónimo	PARTICULAR

La limitación en el registro de datos expresada en la página de DPC https://www.santafe.gov.ar/registrospluviometricos/ es:
"Los registros diarios suministrados corresponden desde las 9:00 hs del día consultado hasta las 9:00 hs del primer día hábil posterior. Ejemplo: si la fecha consultada fuese viernes, la información incluye los registros de los días sábado, domingo y las primeras 9 hs del día hábil posterior."

Lo cual hace que los montos pluviométricos se encuentren desfasados, respecto de los valores de la estación del INTA y la de los particulares. A la red pluviométrica oficial se agregaron 5 estaciones particulares monitoreadas por los propios productores de la zona, quedando conformada la red por 23 estaciones, 8 de ellas situadas dentro de la cuenca.

6.2. Procesamiento de la información

En el diagrama de barras de la Figura 6, se observan dos periodos de análisis: desde 1956 hasta 1990 registros con diferente grado de discontinuidad y desde 2002 hasta 2017 registros continuos en todas las estaciones de la red, excepto 2 que no se refuncionalizaron.

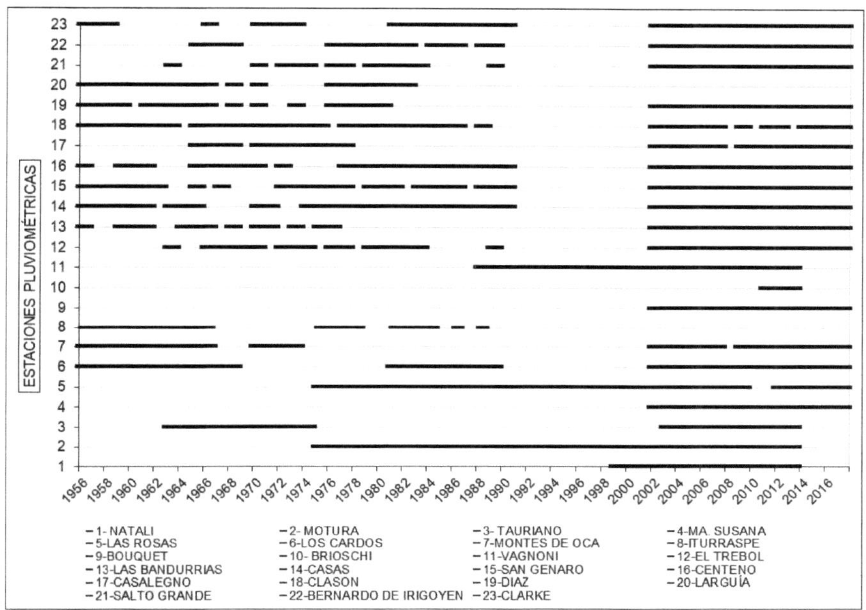

Figura 6: Diagrama de barras de la red pluviométrica. Cuenca arroyo Las Turbias

Dada la discontinuidad de los registros, se consideraron dos períodos de análisis: la serie completa 1956-2017 y el período 2002-2017. En cada caso y dada la limitación del método se consideró el par de años coincidentes en las estaciones a contrastar, resultando longitudes diferentes para el primer periodo de análisis. El agrupamiento de estaciones mantuvo el criterio de la caracterización en cuenca superior, media e inferior. En la mayoría de las estaciones es claro el periodo faltante de datos desde 1990 a 2002.

6.3. Análisis de consistencia

Para la serie completa 1956-2017 se observa una gran variabilidad en las discontinuidades de los registros, por lo que no fue posible hallar un Patrón de Precipitación Anual (PPA) como el promedio de las estaciones pertenecientes a la cuenca, para los dos escenarios temporales planteados y para cada agrupamiento de estaciones. Para la cuenca superior y media se consideró como estación base de contraste a Las Rosas considerando la serie 1975-2017. Debido a la variabilidad en el registro de las estaciones de la cuenca inferior, para el periodo de la serie completa 1956-2017 se adoptó como estación confiable la estación Casalegno que presenta buen contraste con Las Rosas. Para el período más actualizado, desde 2002 hasta 2014 (intervienen datos de estaciones de productores), se evidencia cierta continuidad en el registro por lo que fue posible hallar un PPA para contraste de los datos. Las Figuras 7 a 9 muestran el contraste de datos para distintos sectores de la cuenca y periodos. Algunas estaciones fueron descartadas por no poseer la cantidad de años suficientes para garantizar validez de la consistencia de datos.

En la Figura 7 se observa una secuencia de puntos que no evidencia inconsistencia de datos. En las estaciones Casas y Los Cardos se observa un salto que corresponde al año 2002, (cambio de observador luego de 10 años de faltante de información), indicando error puntual dado que sigue una secuencia de datos paralela al periodo anterior. La Figura 8 muestra que la estación Clason es la que posee mayor periodo coincidente para el contraste. En la Figura 9 la PPA se obtuvo con el promedio de las todas estaciones de la cuenca superior.

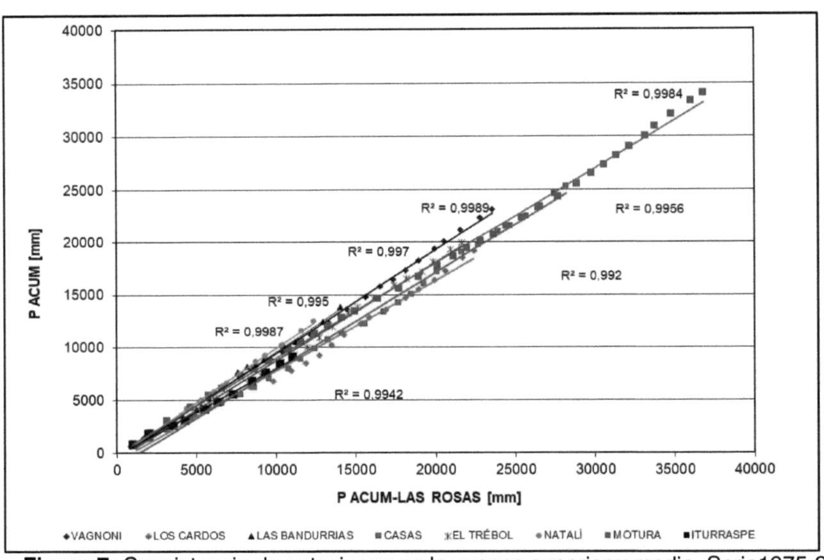

Figura 7: Consistencia de estaciones en la cuenca superior y media. Serie1975-2017

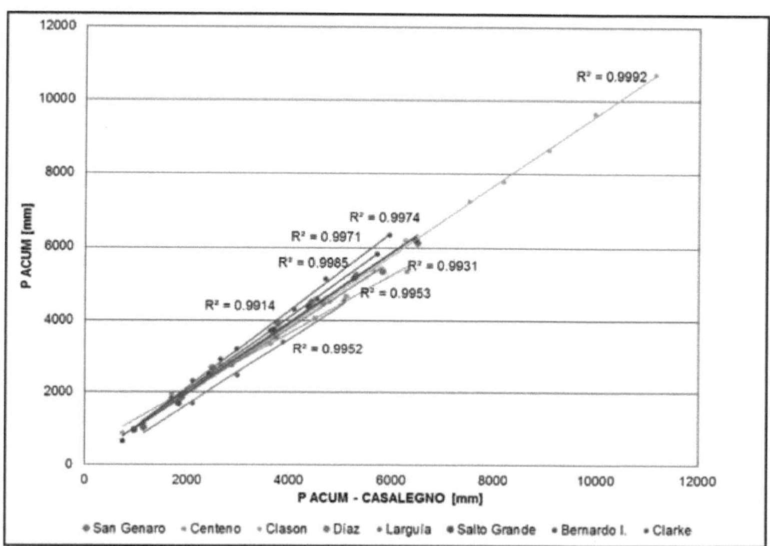

Figura 8: Consistencia de estaciones en la cuenca inferior. Serie 1956-2017

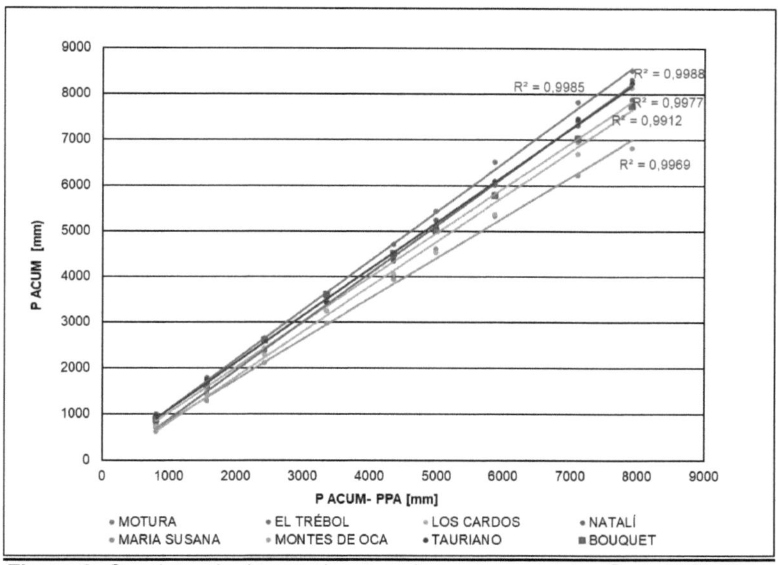

Figura 9: Consistencia de estaciones en la cuenca superior. Serie 2002-2014

6.4. Análisis espacial y temporal

Para la modelación cartográfica y el cálculo de las isohietas se utilizó el programa computacional ArcGIS en la versión 10.2.1. Se creó una capa de archivos de formas (denominada Estaciones Meteorológicas) cuyo sistema de proyección se definió como el sistema de Posiciones Geodésicas Argentinas (POSGAR) 2007 zona 5, correspondiente a la ubicación del área de estudio. Para la confección de los mapas se utilizaron las herramientas de interpolación topográfica ráster, que permite estimar o predecir los valores de las celdas de un ráster a partir de una cantidad limitada de puntos de datos espacialmente correlacionados entre sí, utilizando para ello una serie de algoritmos matemáticos y estadísticos. El modelo específico de interpolación utilizado corresponde al modelo digital de elevación (DEM), que se diseñó para aprovechar los tipos de datos de entrada comúnmente disponibles y las características conocidas de las superficies de elevación. Este método utiliza una técnica de interpolación de diferencia finita interactiva. Se optimiza para tener la eficacia computacional de los métodos de interpolación local, como la interpolación de distancia inversa ponderada (IDW), sin perder la continuidad de la superficie de los métodos de interpolación global, como Kriging y Spline (ESRI, 2013). Los mapas de isohietas muestran dos redes pluviométricas: una completa (23 estaciones) y otra con sólo estaciones oficiales (sin productores). Las Figuras 10 y 11 muestran las isohietas del año 2012 con y sin datos de productores, respectivamente.

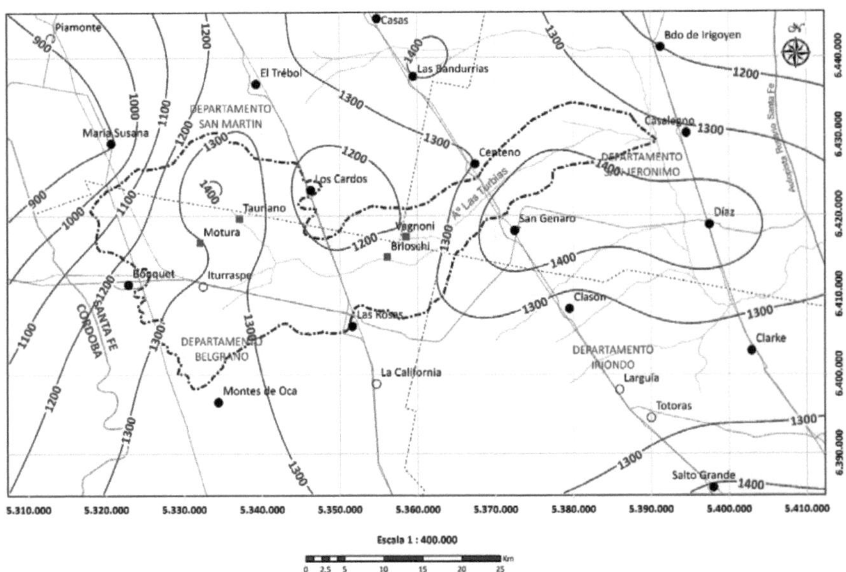

Figura 10: Isohietas anuales 2012. Red pluviométrica completa

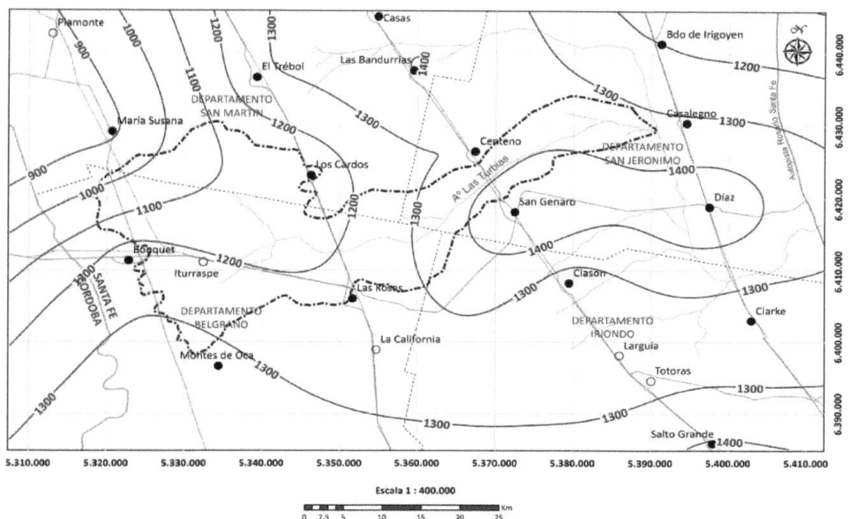

Figura 11: Isohietas anuales 2012. Sin productores

Al analizar la Figura 10, se observa en la cuenca superior, que la distribución de las isohietas de 1200 mm y 1300 mm difiere bastante con respecto a la de la Figura 11.

El análisis temporal se concentró específicamente en el mes de diciembre de 2012, (Figuras 12 y 13), dado que en dicho mes los montos pluviométricos ocurridos ocasionaron la crecida de diciembre–enero 2012-2013 y que provocó graves afectaciones en la zona, sobre la que se dispusieron registros fotográficos. Respecto a las isohietas diarias se consideró el día 20/12/12 de monto pluviométrico significativo de todas las estaciones de la cuenca (Figuras 14 y 15).

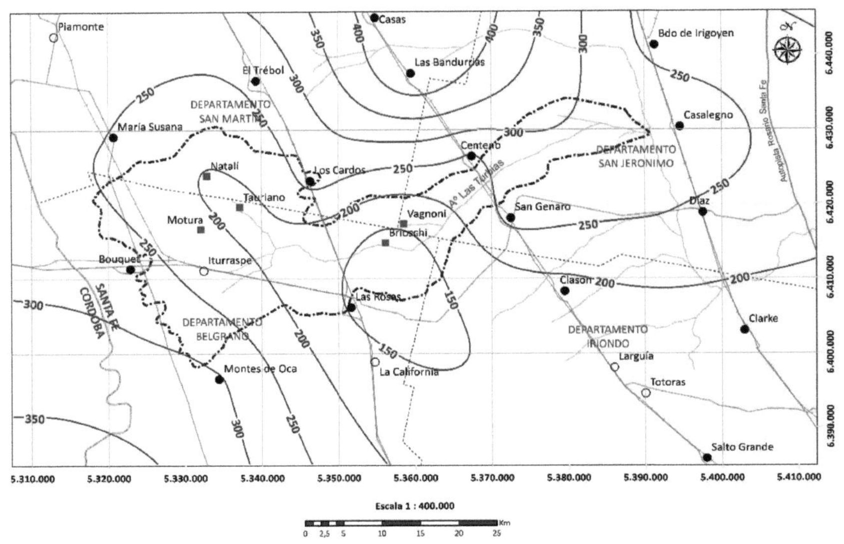

Figura 12: Isohietas Diciembre 2012. Red pluviométrica completa

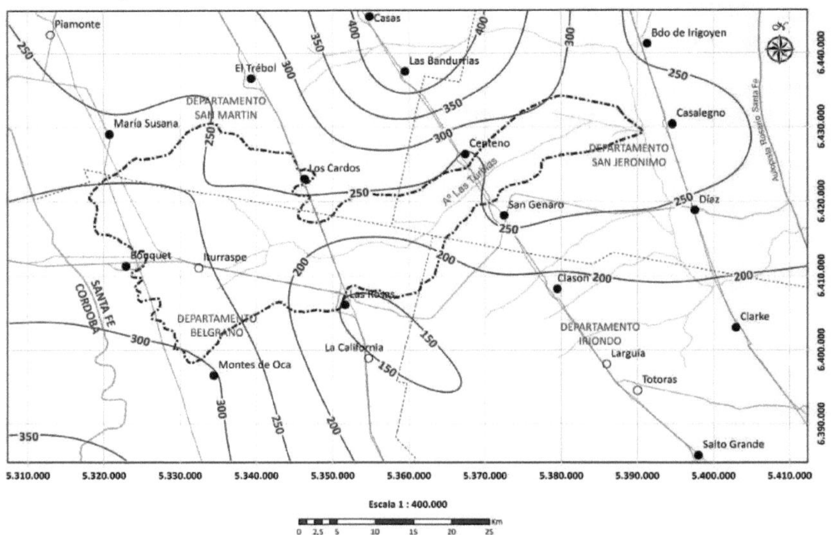

Figura 13: Isohietas Diciembre 2012. Sin productores

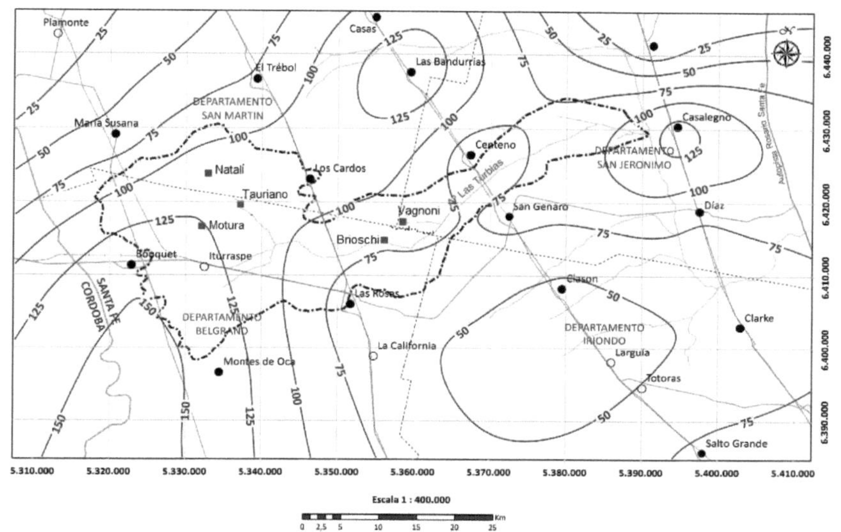
Figura 14: Isohietas 20/12/2012. Red pluviométrica completa

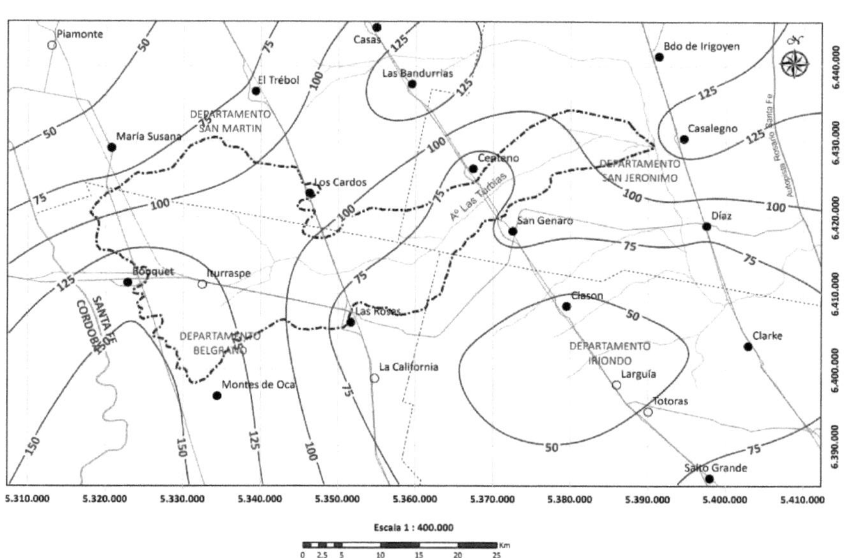
Figura 15: Isohietas 20/12/2012. Sin productores

Al analizar las Figuras 12 y 13, se puede apreciar en la cuenca superior, la principal modificación es en la ubicación espacial de las isohietas de 250 mm y 200 mm y en menor medida la de 150 mm. Mientras que en las Figuras 14 y 15, en el mismo sector, se aprecia el mayor cambio en la localización de la isohieta de 75 mm y en menor magnitud en las isohietas de 100 mm y 125 mm.

6.5. Conclusiones

Si bien sólo 5 estaciones pertenecen a productores particulares en una superficie aproximada de 1000 km^2, fue posible mostrar la variación en la distribución espacial de la precipitación cuando existen estos datos concentrados en la cuenca superior y media. A pesar de las limitaciones encontradas en cuanto a la continuidad de los registros se verificó la consistencia de datos.

Los resultados de la investigación confirman la hipótesis de la importancia en la discretización espacial al considerar datos de pluviómetros de particulares dentro de la red pluviométrica oficial. Esto implica hacer gestiones para que la información de privados pueda integrarse de un modo sistemático a la Red Integrada Nacional de Información.

La contribución de información de fuentes particulares es continua y lo suficientemente confiable para afirmar que favorece la obtención del hietogramas de precipitación más adecuados como datos de entrada a modelos matemáticos utilizados para la simulación de crecidas.

7. ALTURAS Y ANCHOS DE AFECTACIÓN DE LA CRECIDA DEL 2015

En los primeros días de agosto del año 2015, se produjo un temporal en el norte de la provincia de Buenos Aires y centro-sur de la provincia de Santa Fe. En el caso de la provincia de Santa Fe afectó principalmente a las localidades de Casilda, Venado Tuerto, Salto Grande, Arroyo Seco, Chabás, Totoras y Carcarañá produciendo 200 evacuados, cortó o desvió el tránsito en varias rutas nacionales (A012, 33, 34) y provinciales (14, 18) y fueron afectadas muchas hectáreas de campos (TN, 2015). Según la Bolsa de Comercio de Rosario (El Once, 2015) en la región de Santa Fe hubo precipitaciones que superaron los 150 mm y en la región de Buenos Aires superaron los 200 mm.

Como consecuencia, se tomó contacto con productores e instituciones intermedia para corroborar si se había producido en esos días una crecida en el arroyo Las Turbias. Como esta situación fue confirmada, se realizaron trabajos de campo a fin de establecer las alturas de agua y anchos de inundación producidos por dicho evento en los diferentes sectores de la cuenca.

Los datos pluviométricos de distintas fuentes (DPC, en el INTA, AFA y productores agropecuarios) indican que en la cuenca hubo un promedio de precipitación entre 90 a 150 mm en los días 8, 9 y 10 de agosto. También se realizó una recopilación de registros fotográficos de dicho evento a través de documentaciones realizadas por los productores, diarios regionales e instituciones locales.

Para poder realizar las mediciones topográficas en la cuenca se analizó la información disponible del IGN (cartas topográficas y puntos fijos) y del MIT. En relación a la información del IGN, se analizó en las cartas topográficas la localización de los puntos fijos próximos al arroyo, la identificación y características de los mismos. Luego en campo se verificó la existencia de los mismos. De los 14 puntos fijos identificados en las cartas topográficas, 4 estaban materializados, 4 estaban rotos y 6 no se encontraron.

Como información del MIT se dispuso de los planos de reacondicionamiento del arroyo Las Turbias (desde el km 0 a 68,026) realizados en el año 2012. Dichos planos contienen una planialtimetría y un perfil longitudinal de dicha obra, ubicación de los puntos fijos (entre 400 a 2000 m) y características de las alcantarillas.

Debido a que la cobertura de puntos fijos del IGN era escasa se decidió adoptar los puntos fijos definidos para el reacondicionamiento del arroyo, los cuales están materializados en el cabezal aguas abajo de las alcantarillas construidas en dicha obra o en clavos en postes de alambrados y que presentaban cotas relacionadas al sistema altimétrico nacional. Los trabajos de campo se realizaron desde el km 11,092 al 68,026 donde se localizan 62 puntos fijos (31 materializados en alcantarillas y 31 en postes de alambrado) y 54 alcantarillas.

Para realizar las mediciones altimétricas en campo, a través de un nivel óptico South NL28, inicialmente se buscaron las marcas (rastrojo, pasto, etc.) dejadas por el agua en los alambrados, alcantarillas, postes, caminos y campos. Luego se ejecutaron entre 6 a 12 mediciones altimétricas a cada lado del arroyo (aguas arriba y aguas debajo de la alcantarilla) y con cinta métrica se dimensionó el ancho de afectación de la crecida. De las 25 secciones donde se realizaron las mediciones sobre el curso principal, 20 secciones se localizaban en acceso públicos y 5 en propiedades privadas.

En las mediciones próximas a las rutas provincial N° 13 y nacional N° 34 se utilizó una estación total (Kolida KTS440) ya que las distancias eran mayores y se deseaba relevar otros elementos físicos (postes de alta tensión, puentes viales, puentes férreos, postes de alambrados, postes telegráficos, guardarrail, etc.). Además se realizaron registros fotográficos de las marcas y efectos producidos aguas abajo y aguas arriba de las alcantarillas o puentes.

Posteriormente, todas las mediciones realizadas se sistematizaron a fin de analizar la situación general de la cuenca. En la Tabla 6 se presentan la identificación y progresiva de la sección medida, el promedio de las alturas medidas a la izquierda y derecha de la alcantarilla en las proximidades de la misma y a una mayor distancia (campo), la altura promedio del pelo de agua (PA) en esa sección, el ancho de inundación y el desnivel del PA en sentido longitudinal y transversal al curso hidrográfico. En algunas secciones no se pudieron realizar mediciones de las alturas de agua y anchos de inundación ya que no se tuvo acceso o dificultad para identificar las marcas.

Al analizar los datos de las alturas de agua se aprecia que el valor del PA en la proximidades de la alcantarilla es generalmente mayor que el valor observado en campo. Esta situación daría a comprender que cuando el agua de la crecida llega a la alcantarilla esta actúa como barrera elevando el nivel de las aguas y luego dicho nivel disminuye hacia el sector del campo; como consecuencia, se generan desniveles del PA en sentido transversal que varían desde algunos centímetros hasta 35 cm. También el agua al superar el cabezal (aguas arriba) de la alcantarilla el nivel disminuye y según las mediciones realizadas en los alambrados aguas abajo y arriba de la alcantarilla se producen desniveles en sentido longitudinal que varían desde algunos centímetros hasta 28 cm.

Tabla 6: Características de la crecida de agosto de 2015

Sección		PA izquierdo		PA derecho		PA	Ancho	Desnivel PA	
identificación	prog.	alc.	campo	alc.	campo	promedio	inundación	long.	trans.
Laguna Bosio	68026	102,03	101,93			101,93	1150	10	10
Giordanino M.	65979		100,84	100,99		100,93	315		15
Tauriano	64283			100,23	100,09	100,13	384	11	14
Motura	63151		99,48	99,63		99,46	530	17	15
Antinori	60478	96,80	96,68			96,72	190 (i)		12
ASP 1	57450	94,23		94,20	94,05	94,26	390	2	15
ASP2	56258		93,03	93,25		93,06	168 (i)	2	22
Eucaliptus	54994	92,42	92,28	92,38	92,10	92,31	386		14
Eucalip-Giord. S	52105	89,59	88,29		89,42	89,40	380	26	17
Giordanino S.	51034	88,37	88,13	88,33	88,10	88,22	240		23
Giord. S-Ruta 13	49315	86,58	86,70	86,65	86,54	86,53	382	28	11
Ruta 13	47505	85,27	84,56	85,16	84,99	84,90	390		17
Ruta 13-Brioschi	43268	80,54	80,30	80,63	80,33	80,50	184	23	30
Piatti-Lavas	37673	69,00	68,52	69,17	68,90	68,82	420 (x)	10	27
Lavas-San Genaro	33163	62,87	63,01	62,85	62,82	62,86	380	5	3
PF 35-cactus	29154		59,50	59,77	59,44	59,45	340	10	27
La Lolilla	26782	57,61	57,70	57,77	57,52	57,58	460	10	25
La Lolilla-Ruta 34	24996	56,07	55,80	56,22	56,24	56,08	520	15	-2
Ruta 34	23660		56,75	56,10	55,43	56,09	1350		35
Mangiaterra	22862	53,64	53,10	53,71	53,41	53,57	350		34
PF 25	20625	52,06	51,94	51,97	51,88	52,03	730 (x)	10	12
PF 24	20059	51,42	51,06	51,39	51,32	51,36	170 (d)	6	7
Los Aromas	17313			49,00	48,96	48,94	400 (d)		4
Bartorelli	13855	45,64	45,02	45,63	45,51	45,39	210 (i)	17	60
PF 13	11092	42,27	42,09	42,11	42,04	42,14	400		18

Referencias: (i)= izquierdo, (d)= derecho, (x)= derrame lateral. Los valores están representados en metro, los desniveles del PA son en centímetro.

El ancho de inundación, en el sector superior de la cuenca es significativo porque se encuentra la laguna Bosio, en la próxima sección (Giordanino M.) el ancho (de 315 m) se va incrementando hasta la sección Motura (530 m), luego allí se reduce aproximadamente a 400 m hasta llegar a la sección Ruta 13. En la próxima sección (Ruta 13-Brioschi) el ancho es de 184 m, luego aumenta a 400 m y se mantiene hasta la sección PF35-cactus y luego comienza a aumentar hasta llegar a la sección Ruta 34 con 1350 m. En la siguiente sección (Mangiaterra) el ancho es de 350 m, luego en la sección PF25 aumenta (a 730 m) y luego disminuye nuevamente a valores próximos a 400 m y se mantiene hasta la sección PF13.

En la Tabla 7, se presenta la diferencia de altura de agua de la crecida con respecto a la cota de calzada de las alcantarillas y los efectos producidos por la misma (según lo observado en los registros fotográficos realizados en el campo). Se observa que, de las 23 alcantarillas medidas, solamente 9 no fueron superadas: 6 en la cuenca superior, 1 en la media y 2 en la inferior. Además, estas obras de artes sufrieron procesos de erosión en forma parcial en alcantarillas distribuidas en toda la cuenca y en la cuenca inferior la erosión produjo el corte total del camino de acceso a la misma.

Tabla 7: Efectos de la crecida de agosto de 2015

Sección		**Alcantarilla**		**Efecto**				
Identificación	**Prog.**	**PA**	**erosión**	**alambrado**	**animal**	**surco**	**erosión**	**deposito**
Laguna Bosio	68026			PI - PT			C – CAM	C - CAM -CU
Giordanino M.	65979	-5		VI			C - P – CA	CAM -CU
Tauriano	64283	-11		VI			C	CU
Motura	63151	-24		VI		X	CAM	CAM
Antinori	60478			VI - PT - A			CAM - P	CAM
ASP 1	57450	-13	parcial	VI - PT - PI		X	C – CAM	C - CAM -CU
ASP2	56258	20		A			CAM	CAM - CA
Eucaliptus	54994	-29		VI - PT			CAM– P	C
Eucalip-Giord. S	52105	27		VI - PT - A			CAM - P	CAM
Giordanino S.	51034	42	parcial	VI - PI - A			C	C
Giord. S-Ruta 13	49315	35		PT - A			P	CAM
Ruta 13	47505	-148	parcial	VI - PI				CAM
Ruta 13-Brioschi	43268	307		PT – A			P - C	C - CAM
Piatti-Lavas	37673	54	parcial	VI - PT - PI			CA	C
Lavas-San Genaro	33163	-29		PT - A	X		CA	
PF 35 - cactus	29154	32		VI - PT - A	X			C - CU
La Lolilla	26782	10		VI - PI - A	X		CA	C
La Lolilla-Ruta 34	24996	38		VI			CA	
Ruta 34	23660	103	p / total	VI			C - CA	C
Mangiaterra	22862	5	parcial	VI - PI			CA	C - CU - CA
PF 25	20625	84		VI - PI - A			CA	C - CU
PF 24	20059	-3		VI - PT - A		X	CAM - CA	C - CU
Los Aromas	17313	45	total	VI - PI - A			C - P - CA	C - CU
Bartorelli	13855	-14	parcial	PI - PT - A	X		C - CA	C - CU
PF 13	11092	28		VI - PT - A		X	CAM - CA	C

Referencia: PI= poste inclinado, PT= poste tumbado, VI= varilla inclinada, A= corto alambre, C= camino, P= poste, CAM= campo, CA= cauce, CU= cuneta. Los valores del PA están expresados en centímetros

En relación a los efectos producidos por la crecida, se pudo apreciar que:

- Los postes de los alambrados: Estaban inclinados o tumbados, con las varillas inclinadas y hasta los alambres cortados en toda la extensión de la cuenca. La muerte de animales se observó en la cuenca media e inferior y el efecto de surcos en el campo en la cuenca superior e inferior.

- Erosión hídrica: Los procesos erosivos se observaron en los caminos de la cuenca, en los postes principalmente en la cuenca superior, en el campo en la cuenca superior e inferior y en el cauce del arroyo en la cuenca media e inferior.
- Sedimentación: Los depósitos del material transportado por las aguas de la crecida se advirtieron en los caminos en toda la extensión de la cuenca, en los campos de la cuenca superior, en las cunetas de los caminos en la cuenca superior e inferior y en el cauce casi no se apreciaron depósitos de material.

Al comparar los registros fotográficos de las obras de artes (en 13 secciones) realizados previamente (entre junio y septiembre del 2014) y, posteriormente, a la crecida se aprecian en todas las secciones procesos erosivos en ambas márgenes y siendo éstos de mayor magnitud en la cuenca media e inferior. En relación a la representación planialtimétrica de la crecida se observó que la ruta 13 y 34 actúan como represas (elevando la cota de la crecida); siendo está más notable en la ruta 34 (Figura 16). Además, se aprecia una gran elevación de la cota en la sección Ruta 13-Brioschi que está relacionada al angosto valle de inundación y altos niveles topográficos en los bordes de dicho valle.

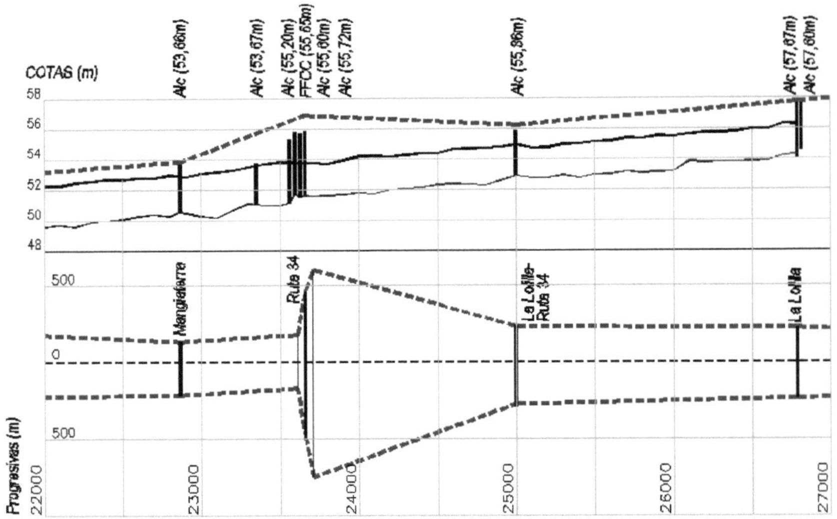

Figura 16: Representación planialtimétrica de la crecida de 2015

7.1. Conclusiones

De la extensión total del arroyo Las Turbias se realizó un análisis en un 83% de su recorrido (57 km) a través de mediciones planialtimétricas en 25 secciones. De las 54 alcantarillas existentes en esa extensión se midió un 42% (23 alcantarillas) donde se estableció que un 60% (14) fueron superadas por las aguas de la crecida del 10 de agosto de 2015. El arroyo presenta un ancho físico promedio de 10 m y que en la crecida de 2015 presentó un ancho de afectación próximo a los 400 m en casi toda su extensión.

Dicho evento produjo procesos erosivos en las alcantarillas y caminos localizados en toda la extensión de la cuenca y en postes, campos (surcos) y cauces en diferentes sectores de la misma. Dichos procesos también generaron depósitos de materiales en los caminos distribuidos en toda la cuenca y en campos y cunetas localizados en diferentes sectores de la misma. También se afectaron alambrados en toda la extensión de la cuenca y la muerte de animales en la cuenca media e inferior.

En relación al escurrimiento, las alcantarillas elevan el nivel del agua y las mismas superan a las propias alcantarillas y a los caminos de accesos a las mismas. La ruta provincial N°13 y nacional N°34 actúan como represas y el mayor ancho de afectación se produce en la ruta 34 (de 1350 m) debido a la poca sección de las alcantarillas (32 m^2) mientras que en la ruta 13 (de 390 m) la sección de las alcantarillas es de78 m^2.

8. FOTOGRAFÍAS DE LAS CRECIDAS

Como se enuncio previamente, al realizar la búsqueda de registros fotográficos o fílmicos de las crecidas se pudo acceder a fotografías realizadas por personal de la Secretaria de Recursos Hídricos (del MIT), de la municipalidad de Las Rosas, del Comité de Cuenca del arroyo Las Turbias y de la cooperativa Agricultores Federados Argentinos S.C.L. (AFA) de San Genaro. También se dispuso de registros realizados por el diario Convergencia (de San Genaro), por productores agropecuarios que tienen sus propiedades próximas al arroyo Las Turbias y valores de alturas de aguas obtenidas en el diario El Litoral (de Santa Fe), por información verbal de productores agropecuarios y mediciones topográficas de campo (posteriores a la crecida de 2015).

Es necesario destacar que se dispuso de otros registros fotográficos y de video que documentaban la afectación hídrica de los campos, caminos rurales y rutas provinciales secundarias pero, debido a que se disponía de una mayor cantidad de fotografías de las rutas provincial N° 13 y nacional N° 34, se decidió trabajar sobre estos dos últimos sectores para analizar la altura y evolución temporal de las crecidas.

Como se había enunciado previamente, se realizó un relevamiento planialtimétrico con una estación total (Kolida KTS440); documentando la distribución espacial de los diferentes elementos observados en las proximidades de la intersección del arroyo con las vías de comunicación (puentes, alcantarillas, ancho de ruta y vías férreas, postes eléctricos de alta tensión, postes telegráficos, postes de alambrados, carteles de señalización, guardarrails y estructuras edificadas). Dicho relevamiento se relacionó a puntos fijos altimétricos identificados en los planos de reacondicionamiento del arroyo. También se realizaron mediciones con cinta métrica de los detalles estructurales de los diferentes elementos observados en los registros fotográficos o fílmicos. Además, se obtuvieron fotografías generales y de detalles de los elementos medidos.

Luego se procesaron los datos medidos en campo y se generó una planimetría y un perfil longitudinal sobre el eje del arroyo Las Turbias de cada sector. Posteriormente analizando cada elemento registrado en cada fotografía recopilada y conociendo la cota topográfica y proporción estructural de los mismos; se estableció la cota del nivel del agua alcanzado por la crecida en el momento del registro. Como también se dispuso de registros de las crecidas en video se realizaron mediciones en dichas imágenes al fin de verificar los datos obtenidos en las fotografías.

Además, se aplicó en algunas fotografías el método fotogramétrico de perspectiva inversa (Quaintenne, 1947) al fin de determinar los anchos de inundación producidas por la crecida. Específicamente, este método requiere primeramente determinar la localización de la línea de horizonte (LH), el punto de fuga principal (PFP) y los puntos de fuga de distancia (PFD) por intermedio de los diferentes elementos registrados en la fotografía. Y para establecer las dimensiones de los diferentes elementos registrados en las mismas, es necesario disponer de alguna dimensión conocida (o elemento de escala).

Tomando las fotografías se comenzaron a trazar líneas auxiliares al fin de localizar la LH, PFP y PFD. E identificando algún elemento cuya dimensión fue obtenida en las mediciones de campo se comenzó a aplicar los procedimientos analíticos establecidos por Quaintenne para calcular las magnitudes del ancho de inundación. En algunas fotografías, no se pudo aplicar el método, ya que los elementos físicos que se identificaban en las mismas no permitían la localización de la LH, o PFP, o PFD. Mayores detalles sobre este procedimiento analítico pueden ser analizados en ejemplos prácticos en Gardiol y Ocampo (2011, 2008) y Gardiol (2013).

Finalmente, los datos calculados de las alturas de las aguas en cada uno de los elementos registrados en diferentes momentos de una misma crecida o diferentes crecidas, se representaron en los perfiles longitudinales (Figura 17).

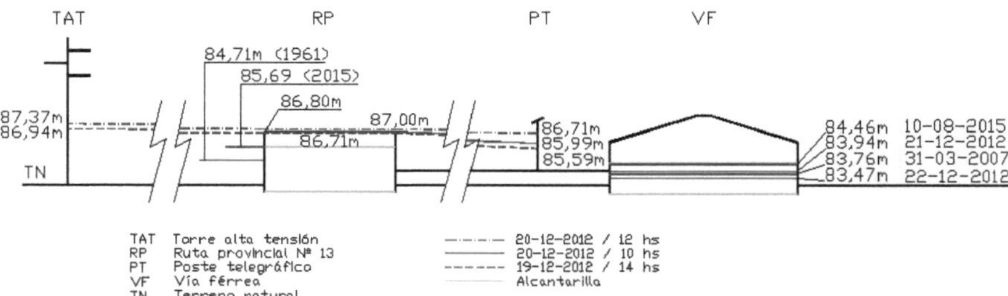

Figura 17: Perfil longitudinal en la ruta provincial Nº 13 con las alturas de pelo de agua determinadas

8.1. Ruta provincial Nº 13

Se dispuso de la siguiente información:

- Crecida previa a 1961 (plano DPV, cota máxima de 84,71 m)
- Crecida 2007: fotografía municipalidad de Las Rosas (31/03 a las 11:27 hs, 83,76 m)
- Crecida 2012: fotografía del Comité de Cuenca (19/12 a las 14 hs)
  fotografía municipalidad de Las Rosas (20/12 a las 10 hs)

fotografía del productor Eduardo Pranzetti (20/12 a las 12 hs)
fotografía de la productora Susana Giordanino (21/12 a la tarde)
fotografía municipalidad de Las Rosas (22/12 a las 10 hs)

- Crecida 2015: fotografía de la productora Susana Giordanino (10/08 a la mañana, 84,46 m)
  mediciones topográficas (cota 85,69 m)

Observando las diferentes fotografías se aprecia que en las mismas se registraron como principales elementos: postes de alta tensión (localizado a 80m aguas arriba de la ruta), guardarrails y señales de tránsitos localizadas sobre la misma ruta, y postes telegráficos y alcantarillas de la vía férrea ubicados aguas abajo de la ruta a 24 m y 29 m, respectivamente.

En el plano realizado por la DPV en el año 1961, no se manifiesta la fecha de la crecida, pero sí se especifica el valor correspondiente a la cota máxima. En la crecida del 2007, la fotografía registrada por la municipalidad de las Rosas documenta las alcantarillas de la vía férrea y fue realizada posteriormente al pico de la crecida ya que se aprecian marcas de humedad en la misma alcantarilla 1 m más arriba del pelo de agua determinado.

En el caso de la crecida del 2012, en la fotografía obtenida por el Comité de Cuenca se estimó la cota del pelo del agua de 86,94 m en el poste de alta tensión, sobre la ruta (86,71 m) el agua comenzó a sobrepasarla y luego en el poste telegráfico la cota fue de 85,59 m. En la fotografía de la municipalidad de Las Rosas en el poste de alta tensión el pelo de agua subió 43 cm, en la ruta 29 cm y en el poste telegráfico 1,12 m con respecto a la fotografía del Comité. En la fotografía del productor agropecuario Eduardo Pranzetti, la cota del pelo del agua en la ruta bajo 20 cm y en el poste telegráfico bajo 72 cm con respecto a la fotografía de la municipalidad. En la foto de la productora agropecuaria Susana Giordanino la cota en la alcantarilla de la vía férrea es de 83,94 m y en la fotografía de la municipalidad de Las Rosas en la misma alcantarilla es de 83,47 m.

En el caso de la crecida de 2015, la fotografía de la productora agropecuaria Susana Giordanino, también documenta las alcantarillas de la vía férrea y fue realizada en forma posterior a la crecida ya que según las mediciones topográficas realizadas (el 2 de septiembre del 2015) las marcas dejadas por el pico de la crecida en la propia ruta presenta una altura mayor de 1,23 m.

Como comentario final, se puede estimar que en la ruta provincial Nº 13, la cota del pico de la crecida del año 2007 ocurrió antes de las 11:27 hs del 31/03, el pico de la crecida del 2012 ocurrió entre las 10:00 y las 12:00 hs del 20/12 y el pico de la crecida de 2015 ocurrió antes de la toma fotográfica del 10/08.

En relación a los anchos de inundación, estimados por procesos fotogramétricos en las fotografías de la crecida del año 2012 obtenidas por la municipalidad de Las Rosas y el productor agropecuario Eduardo Pranzetti se obtuvo una dimensión de 919 m y 916 m respectivamente. No obstante, se obtuvieron diferencias entre estas dimensiones estimadas y los valores medidos en campo por topografía (677m).

8.2. Ruta nacional Nº 34

Se dispuso de la siguiente información:

- Crecida 2007: fotografía del productor agropecuario Walter Lenzi (30/03 al mediodía)
- Crecida 2011: fotografía del MIT (11/05 a las 17:38 hs)
  Diario El Litoral (14/05, 55,80 m)
- Crecida 2012: fotografías del Comité de Cuenca (19/12 a las 11:55 hs)
  fotografía del diario Convergencia (19/12 a las 14:09 hs)
  mediciones topográficas (cota 56,03 m)
- Crecida 2015: fotografía de AFA (10/08a las 8,38 hs)
  fotografía del productor agropecuario Walter Lenzi (10/08 a las 9:10 hs)
  mediciones topográficas (cota 56,09 m)

Observando las diferentes fotografías se aprecian como elementos principales: estructura edificada (localizado a 25 m aguas arriba de la ruta), guardarrail y señales de tránsitos localizadas sobre la misma ruta, y estructura de un puente (a 25 m, perteneciente a la antigua traza de la ruta N° 34) y alcantarillas de la vía férrea (a 55 m) localizados aguas abajo de la ruta.

En la fotografía de la crecida del año 2007, en la estructura edificada se estimó una altura de agua de 56,05 m, en el lado aguas arriba de la ruta una altura mayor en 0,14 m y en el lado aguas abajo de la ruta una altura menor en 0,26 m (al lado opuesto de la ruta).

En la fotografía de la crecida del año 2011, la cota del pelo de agua en la estructura edificada fue de 55,27 m y en la estructura del puente de la antigua traza fue 0,11 m menor (donde el agua ya tocaba la parte inferior del tablero).

En el caso de la crecida del año 2012, en la fotografía del Comité de Cuenca, se estimó una cota del pelo del agua en la estructura edificada de 54,27 m y en la estructura del puente de la antigua traza fue 0,07 m mayor que en la estructura edificada. En la fotografía del diario Convergencia (Figura 18), en la estructura edificada la cota era de 56,02 m y en el lado aguas arriba y abajo de la ruta la cota fue 0,22 m más bajo que en la estructura. Y según las mediciones topográficas realizadas según información brindada por el productor agropecuario Germán Franchi el pico de la crecida llego a una cota de 56,03 m.

Figura 18: Fotografía de la ruta nacional N° 34 en la crecida del año 2012

En el caso de la crecida del año 2015, en la fotografía del AFA la cota en la estructura edificada es de 55,14 m y en la fotografía del productor agropecuario Walter Lenzi en la misma estructura la cota es de 55,75 m. Las mediciones topográficas de las marcas dejadas por el pico de la crecida en la propia ruta realizadas el 9 de septiembre del 2015, corresponden a un valor de 56,09 m.

Como resultado final, se puede establecer que en la ruta nacional N° 34, la cota del pico de la crecida del año 2007 ocurrió próximo al mediodía del 30/03 y el pico de la crecida del 2011 fue posterior al día 11/03 y antes del día 14/03. El pico de la crecida del 2012 fue posterior a las14:09 hs del día 19/12 y el pico de la crecida de 2015 ocurrió después de las 9:10 hs del día 10/08.

En relación a los anchos de inundación estimados por procesos fotogramétricos, en la fotografía de la crecida del año 2007 y 2015 obtenida por el productor agropecuario Walter Lenzi y la del diario Convergencia (del año 2012) se obtuvieron dimensiones de 854 m, 855 m y 1378 m respectivamente. Al compararla con los valores obtenidos por las mediciones en campo, se aprecia valores aproximados en las crecidas del 2007 y 2015 (de 950 m en ambos casos) y bastantes diferentes en la crecida del año 2012 (512 m).

8.3. Conclusiones

Según los datos obtenidos, al analizar las distintas documentaciones fotográficas, en la ruta provincial N° 13 la mayor cota del pelo de agua alcanzado por una crecida se produjo en el año 2012 con un valor de 87 m, superando la cota de la misma ruta en un valor de 29 cm. En el pico del año 2015 faltaron 1,02 m para superar la calzada y en la crecida previa al año 1961 le faltó 2,00 m.

En la ruta nacional N° 34 la mayor cota del pelo alcanzado por una crecida se produjo en el año 2007 con un valor de 56,19 m, superando la altura de la calzada de la ruta en 0,48 m. En la crecida de 2011 supero la calzada en 0,09 m; en el 2012 por 0,32 m y en el 2015 por 0,38 m.

Esta situación indicaría que la calzada de la ruta provincial N° 13 es sobrepasada en crecidas importantes, mientras que la calzada de la ruta nacional N° 34 es sobrepasada con mayor facilidad ante crecidas no tan importantes.

El método de perspectiva inversa en unas mediciones dio resultados concordantes con los obtenidos por topografías y en otros casos no. Por lo tanto, se deberían hacer otras experiencias a fin de identificar errores y evaluar el método.

Es necesario destacar que para estos análisis las fotografías deben contener detalles físicos para identificarlos en el trabajo de campo, que sean en lo posible fotografías cercanas al pico del evento. La buena calidad de la fotografía es muy importante para poder realizar este tipo de estudio.

Además de la interrelación topográfica entre los diferentes elementos medidos en campo es fundamental realizar mediciones auxiliares de los detalles estructurales de los mismos ya que estas magnitudes colaboran en la definición y control de las cotas de los niveles de las crecidas.

9. AREAS DE AFECTACION EN DIFERENTES CRECIDAS

Otro de los puntos a analizar en este estudio, era determinar qué superficie de afectación tenían las diferentes crecidas. Por lo tanto, al evaluar las dimensiones de la cuenca se consideró adecuado utilizar imágenes obtenidas por satélites.

Es necesario destacar que en la actualidad existe una gran cantidad de satélites que toman imágenes de la superficie de la tierra. Estas imágenes captan la energía que es emitida o reflejada por los objetos distribuidos en la superficie y que inicialmente fue emitida por el sol. Esta información se utiliza en diferentes temas de estudio (clima, océano, vientos, vegetación, militar, etc.).

Estos satélites pueden registrar imágenes que presentan diferentes resolución espacial (tamaño mínimo del pixel que capta en la superficie); resolución espectral (es la cantidad de canales espectrales y ancho de bandas que puede captar el sensor del satélite); resolución radiométrica (es la cantidad de niveles de gris en que se divide la radiación recibida para ser almacenada y procesada posteriormente) y radiación temporal (es la frecuencia de paso del satélite por un mismo punto de la superficie terrestre).

Como primer paso se trató de determinar las fechas de los picos de las crecidas según la información recopilada en las reuniones realizadas con los productores agropecuarios. De las mismas surgió que las mayores crecidas de la última década ocurrieron el 30 o 31 de marzo del 2007; 19, 20 o 21 de diciembre del 2012; 31 de octubre, 1 o 2 de noviembre del 2013 y 9 o 10 de agosto de 2015.

Una vez determinadas las fechas de las crecidas se recurrió a los registros que dispone la Comisión Nacional de Actividades Espaciales (CONAE) al fin de seleccionar las imágenes satelitales próximas a la fecha. También se realizó una búsqueda en diferentes páginas de internet que ofrecen la visualización y bajada de archivos digitales de las bandas de los satélites.

En dichas páginas se pudo acceder a imágenes de los satélites CBERS, LANDSAT 5, LANDSAT 7, LANDSAT 8, SPOT 5, MODIS, QUICK SILVER e IKONOS, que registraban el área de la cuenca Carrizales-Monje.

Posteriormente se evaluó la cobertura del área de estudio en cada imagen, la disponibilidad de bandas espectrales, la resolución de la imagen, porcentaje de nubosidad y fecha de registro. A partir de esto se descartaron por su resolución las imágenes MODIS, por falta de imágenes en las fechas requeridas, por no cumplir con la cobertura total de área de estudio las imágenes QUICK SILVER e IKONOS y por no presentar una cobertura total del área las imágenes CBERS. Finalmente se decidió trabajar sobre imágenes LANDSAT a pesar de que la resolución espectral en las bandas de las mismas fuera de 30 m por pixel. En cuanto a las imágenes SPOT se comprobó la existencia de registros próximos a las crecidas y con baja cobertura de nubes, pero debido a la imposibilidad en la adquisición de estas imágenes se utilizó una imagen de baja resolución.

A partir del visualizador del Servicio Geológico de Estados Unidos (USGS) se realizó la búsqueda y descarga de imágenes LANDSAT 5 (sensor TM) y LANDSAT 8 (sensor OLI). Las imágenes LANDSAT 7 (sensor ETM+) fueron brindadas por la CONAE. Cabe destacar que las imágenes LANDSAT 7 y 8 se obtuvieron georeferenciadas y las imágenes Landsat 5 se encontraban con una corrección geométrica.

Finalmente se obtuvieron para la creciente del 31 de marzo del 2007 una imagen LANDSAT 5 del 18/04/2007, para el 21 de diciembre del 2012 una SPOT del 23/12/2012, para el 1 de noviembre del 2013 una imagen LANDSAT 7 del 4/11/2013, para el 7 de abril de 2014 una LANDSAT 7 del 13/04/2014 y para la creciente del 10 de agosto del 2015 se obtuvo una imagen LANDSAT 8 del 30/08/2015.

Como se dijo anteriormente, los objetos emiten o reflejan la energía de diferentes formas. Por lo tanto se comenzó a analizar esa energía (a través de las curvas de reflectancia de los objetos, Figura 19) y compararlas con las bandas espectrales correspondientes a cada satélite (ver Tabla 8).

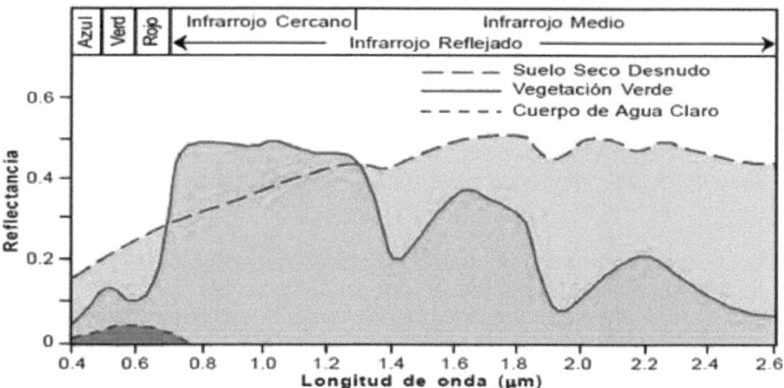

Fuente: CONAE (2015)

Figura 19: Curvas de reflectancia para vegetación, suelo seco y cuerpos de agua

Como consecuencia, para este estudio de afectación hídrica se estableció, que para las imágenes de los satélites LANDSAT 5 TM y LANDSAT 7 ETM+, se emplearían la banda 2 para destacar el agua (debido al pico de su curva de reflectancia en estas bandas), la banda 4 para representar la vegetación en la zona, (esto se debe a que la vegetación presenta una alta reflectancia en el sector del espectro correspondiente al infrarrojo cercano) y la banda 7 para la diferenciación entre el agua y el suelo (esto se debe a que el agua en estas bandas no refleja, en cambio el suelo posee su mayor reflectancia en este punto). Y en el caso de las imágenes del satélite LANDSAT 8 OLI se emplearían las bandas 3, 5 y 7 (Bogusz et al, 2016).

Tabla 8: Ubicación de las bandas de distintos satélites dentro del espectro

Región espectral		CBERS-2B CCD	EO-1 ALI	LandSat 1/2/3/4/5 MSS	LandSat-5 TM	LandSat-7 ETM+	LandSat-8 OLI	Terra Aqua MODIS	SAC-C MMRS	SPOT-5 HRG
Visible	Azul lejano		Banda 1 (443)				Banda 1 (443)			
	Azul	Banda 1 (485)	Banda 2 (483)		Banda 1 (485)	Banda 1 (483)	Banda 2 (483)	Banda 3 (469)	Banda 1 (490)	
	Verde	Banda 2 (555)	Banda 3 (565)	Banda 1 (550)	Banda 2 (560)	Banda 2 (561)	Banda 3 (561)	Banda 4 (555)	Banda 2 (550)	Banda 1 (550)
	Rojo	Banda 3 (660)	Banda 4 (660)	Banda 2 (650)	Banda 3 (660)	Banda 3 (660)	Banda 4 (655)	Banda 1 (645)	Banda 3 (660)	Banda 2 (650)
Infrarrojo cercano			Banda 5 (790)	Banda 3 (750)						Banda 3 (750)
		Banda 4 (830)	Banda 6 (868)		Banda 4 (830)	Banda 4 (838)	Banda 5 (865)	Banda 2 (859)	Banda 4 (815)	
				Banda 4 (950)						Banda 4 (950)
			Banda 7 (1250)					Banda 5 (1240)		
							Banda 9 (1373)			
Infrarrojo de onda corta			Banda 8 (1650)		Banda 5 (1650)	Banda 5 (1650)	Banda 6 (1609)	Banda 6 (1640)	Banda 5 (1625)	
			Banda 9 (2215)		Banda 7 (2215)	Banda 7 (2200)	Banda 7 (2201)	Banda 7 (2130)		

Fuente: CONAE (2015)

Para realizar las combinaciones de las bandas seleccionadas se utilizó el software libre de procesamiento de imágenes SoPI desarrollado por la CONAE. Allí se generaron imágenes en falso color donde se combinaron las bandas en los colores rojo (banda 4 y 5), verde (banda 7) y azul (banda 2 y 3). En los casos en los que fuera necesario se utilizaron modificaciones al contraste y al brillo de las imágenes para poder realizar una correcta visualización de las mismas.

Luego se estableció como criterio cartográfico interpretar aquellas áreas de afectación hídrica que presentaban aguas permanentes y aguas temporarias y aquellos sectores que representaban bajos naturales (paleocauces). Además se definió una escala de visualización en la pantalla de la computadora: 4 cm en pantalla representaban 1000 m en tamaño real del campo, a fin de interpretar cartográficamente los diferentes elementos en las distintas imágenes satelitales.

Para este proceso se decidió utilizar un software de diseño asistido por computadora, para lo cual inicialmente se insertó el parcelario del área de estudio (estos datos estaban correctamente georreferenciados al sistema de información territorial que dispone el gobierno de la provincia de Santa Fe) y posteriormente se incorporaron y referenciaron las imágenes procesadas previamente.

Posteriormente, se comenzó con la digitalización de las áreas afectadas en cada imagen y donde cada elemento interpretado fue representado en diferentes colores (Figura 20). Seguidamente se realizaron las mediciones métricas de cada área de afectación demarcada (Tabla 9).

Figura 20: Interpretación en la imagen LANDSAT 5 (RVA 472) del año 2007

Tabla 9: Cantidad y superficie de áreas afectadas

Cuenca	Tipo de Afect.	Crecida 2007		Crecida 2012		Crecida 2013		Crecida 2014		Crecida 2015	
		Cant. áreas	Sup. afectada	Cant. áreas	Sup. afectada	Cant. áreas	Sup. afectada	Cant. áreas	Sup. afectada	Cant. áreas	Sup. afectada
Superior	Perm.	55	2283	46	5852	111	4485	32	1064	93	2450
	Temp.	71	720	60	559	102	2020	64	1668	154	1398
Media	Perm.	2	330	17	689	26	652	7	319	22	742
	Temp.	10	36	30	229	9	229	16	48	37	529
Inferior	Perm.	22	283	13	946	31	714	16	432	22	451
	Temp.	32	72	11	118	26	1012	39	497	36	202
Total		192	3724	177	8393	305	9112	174	4028	364	5772

Referencias: Afect.= afectación, Cant.= cantidad, Sup.= superficie, Perm. = permanente, Temp. = Temporaria. El valor expresado en la superficie afectada corresponde a hectáreas.

En la Figura 21, se aprecia en color cian el límite de la cuenca, en color verde oscuro el límite de las áreas afectadas por aguas permanentes y en color verde claro el límite de las áreas afectadas por aguas temporarias y bajos naturales (en trazo lineal).

Si se analiza la cantidad y superficie de áreas afectadas en cada sector de la cuenca para cada crecida (Tabla 9) se puede destacar qué:

- La mayor cantidad de superficie afectada fue producida por la crecida de 2013, luego por la del 2012, 2015, 2014 y 2007.
- La mayor cantidad de áreas afectadas se produjo en la crecida de 2015, luego en la de 2013, 2007, 2012 y 2014.
- La cuenca superior presenta mayores valores de superficie afectada en todas las crecidas, en relación a la cuenca media e inferior.

- En la cuenca inferior los valores de superficie afectada son mayores que en la cuenca media en las crecidas de 2012, 2013 y 2014. En las crecidas de 2007 y 2015 es menor en la cuenca inferior que en la cuenca media.
- La cuenca superior presenta una mayor cantidad de áreas afectadas que la cuenca media e inferior. La cuenca inferior presenta una mayor cantidad de áreas en relación a la cuenca media en las crecidas 2007, 2013 y 2014. Y en las crecidas de 2012 y 2015 es mayor la cantidad de áreas en la cuenca media que en la cuenca inferior.

Figura 21: Interpretación de la imagen LANDSAT 7 del año 2013.

Es necesario tener en cuenta que la cantidad y superficie de las áreas afectadas está relacionado directamente al monto precipitado previamente a la toma de la imagen satelital, al sector de la cuenca donde se produjeron las mayores precipitaciones y el tiempo transcurrido entre la precipitación y la toma de la imagen satelital.

Para comprender la relación de las precipitaciones ocurridas en la cuenca y sus consecuencias se realizó un análisis visual de las imágenes de satélites procesadas. En el caso de la imagen que registra la crecida del año 2007 se aprecia que la mayor precipitación fue en la cuenca superior, originando una mayor acumulación de agua en el curso principal y varios paleocauces se reactivaron. En la cuenca media e inferior se aprecia el cauce del arroyo.

En el caso de la imagen del año 2012, la precipitación fue en toda la extensión de la cuenca, en la cuenca superior el curso principal presenta una mayor cantidad de agua y todos los paleocauces están interconectados; en la cuenca media e inferior hay grandes superficies afectadas.

En la imagen del año 2013, también la precipitación se extendió en toda la cuenca y la situación en la cuenca superior es el mismo que en el año 2012; en la cuenca media e inferior se aprecia el cauce del arroyo y todos los paleocauces están interconectados.

Para la imagen del año 2014, las mayores precipitaciones se produjeron en la cuenca inferior y se aprecia una mayor conexión en los paleocauces; en la cuenca superior y media hay algunos paleocauces interconectados.

En la imagen del año 2015, la mayor precipitación ocurrió en la cuenca superior y se aprecian varios paleocauces interconectados, mientras que en la cuenca media e inferior se aprecia el cauce y algunos paleocauces interconectados.

9.1. Conclusiones

La selección de las imágenes de satélites fue una situación compleja; ya que las características de la duración de las máximas alturas de agua en las crecidas en el área de estudio corresponde entre 1 a 3 días y como la frecuencia de obtención de imágenes del satélite LANDSAT es cada 15 días y del satélite SPOT cada 26 días esta situación dificultó que exactamente un registro del satélite corresponda al pico de la crecida. Y por otro lado generalmente cuando se producen dichos eventos hidrológicos la cobertura de nubes propias del evento permanece varios días.

Como consecuencia de lo anteriormente expuesto, para demarcar las afectaciones hídricas producidas en la crecida del año 2007 se utilizó una imagen obtenida 18 días después del evento, para el evento del 2012 a 2 días posteriores, en la del año 2013 luego de 3 días, en la del año 2014 a 6 días y en la del año 2015 a 20 días.

Si se analizan las áreas de afectación hídrica delimitadas para cada imagen satelital, evaluando la cantidad de áreas afectadas, los anchos de afectación en los cursos hidrográficos e interconexión de lagunas, se podría inicialmente establecer que en la cuenca superior presenta un mayor grado de afectación hídrica, luego el sector inferior y finalmente el sector intermedio.

10. ESTIMACIÓN DE CAUDALES Y ALTURAS HIDROMÉTRICAS

10.1. Introducción

Los modelos matemáticos se utilizan para estimar la respuesta hidrológica de la cuenca, mediante la representación de las condiciones topográficas e hidráulicas del sistema real.

En la actualidad existen paquetes de software para simulación hidrológica de aplicación universal (HEC (Hydrologic Engineering Center – United States Army Corp), MIKE (Danish Hydraulic Institute), SWMM (Storm Water Management Model, EPA), entre otros).

Los resultados de la modelación matemática hidrológica proporcionan niveles de agua o caudales en diferentes secciones del río siendo una de las preocupaciones más frecuentes de los hidrólogos la calibración de los parámetros del modelo principalmente cuando no existen datos observados (provenientes de mediciones hidrológicas continuas).

En estos casos cuando no hay mediciones, el gran desafío es utilizar distintas estrategias para estimar datos de referencia observados para calibrar los parámetros de esos modelos y luego verificarlos o validarlos. Estas estimaciones surgen de la interrelación de diferentes técnicas (fotogrametría, teledetección, laser aerotransportados, levantamientos topográficos con GPS, estación total, etc.).

Por ejemplo, Wenchao (2010), utilizó observaciones satelitales para calibrar modelos de transformación lluvia-escorrentía. En los casos para calibrar modelos de flujo de las corrientes de agua, Chandler et al. (2008), utilizaron técnicas fotogramétricas para realizar mediciones de la dinámica topográfica en la superficie del agua del río Farnborough, UK, bajo condiciones reales de crecidas. Wackrow et al. (2008), para medir la superficie dinámica del agua obtuvieron pares fotográficos estereográficos con cámaras no métricas y Samad et al. (2010) evaluaron cámaras fotográficas métricas y no métricas para el mapeo de corrientes de aguas.

De acuerdo a Palacio et al. (2010), los modelos numéricos deben ser calibrados y verificados antes de su puesta en funcionamiento. La combinación de complejidad en los parámetros numéricos y físicos, así como la misma estructura de los modelos y los errores en las mediciones de campo, son factores que condicionan la confiabilidad de los resultados.

Como se dijo, cuando hay carencia de registros sistemáticos el hidrólogo debe recurrir a otras alternativas para calibrar y validad los modelos, que permitan disminuir la incertidumbre de los resultados. Especialmente la definición de las condiciones de borde de los modelos hidrodinámicos requiere de información precisa de cotas hidrométricas y de la topografía del tramo.

Para determinar niveles de inundación los hidrólogos usualmente recurren a rastros de niveles máximos alcanzados por las crecidas (CFI, 2001; MASPyMA, 2009; MAH, 2007); recopilan datos de lugareños (SIPFE, 2007; INCyTH, 1976); recaban datos de niveles junto a propietarios afectados, baqueanos de la zona y personal de los organismos públicos. (DPOH, 1998).

En esta etapa de la investigación se realizó la calibración simultánea de los modelos hidrológico e hidráulico considerando como datos de referencia las cotas del pelo de agua y anchos de planicie de inundación medidas en campo y obtenidas por topografía y fotogrametría en algunas secciones del arroyo. Se estudiaron los escenarios de diciembre de 2012 y agosto de 2015.

10.2. Datos hidrológicos y cartográficos

Como se dijo previamente, la cuenca no posee registros históricos en ninguna sección del arroyo. Solamente en el mes de septiembre del año 2003 se instaló un limnígrafo ubicado aguas arriba de la ruta nacional Nº 34 que cuenta con registros -casi continuos- desde el 5/5/2004 hasta el 22/2/2008, con faltante de datos debido a fallas en el mecanismo de registro. También se cuenta con algunos aforos en aguas bajas. Posteriormente el Comité de Cuenca del arroyo Las Turbias lo reemplazó por un instrumento digital, pero hasta diciembre 2016 no había personal preparado para operar este instrumento.

Como base cartográfica se utilizó un mapa digital que contiene las localidades, rutas principales y secundarias, caminos comunales, límites políticos, ferrocarriles, topónimos, hidrografía, límite de cuenca y cuencas.

Y se dispuso de perfiles topográficos transversales y longitudinales con obras de arte, distanciados entre 400 m y 1200 m, relevados por la Secretaría de Recursos Hídricos del MIT en planos formato papel y formato digital desde la progresiva 0 m en la confluencia del arroyo Las Turbias y el arroyo Carrizales-Monje hasta la progresiva 68626 m próxima a la laguna Bosio, al sur de la ruta provincial secundaria N° 44.

10.3. Modelación matemática de la cuenca del arroyo Las Turbias

Para implementar el modelo hidrodinámico HEC-RAS V4.1 (United States Army Corps of Engineers, 2014) se seleccionó el tramo comprendido entre las progresivas aguas arriba (AA) 68626 m (última progresiva con perfil transversal relevado topográficamente) y la progresiva aguas abajo (aa) 14400 m, para no tener influencias de remanso del arroyo Carrizales-Monje.

Debido a la carencia de registros en las condiciones de borde y secciones del tramo, para implementar el modelo hidrodinámico, se generaron hidrogramas de referencia con el modelo hidrológico HEC-HMS V 4.0 (United States Army Corps of Engineers, 2014), en las progresivas mencionadas y en intermedias del tramo como aportes de cuencas laterales al curso principal.

La calibración de los parámetros de los modelos contempló un proceso iterativo simultáneo con ambos modelos (hidrodinámico e hidrológico).

10.4. Tormentas seleccionadas para calibrar y validar los modelos

Del análisis pluviométrico realizado se reunió información pluviométrica diaria histórica de distintas fuentes oficiales y particulares (Agricultores Federados Argentinos (AFA), Instituto Nacional de Tecnología Agropecuaria (INTA), Dirección de Provincial de Comunicaciones (DPC).

Como fuente de información privada se relevó en territorio la percepción de los productores acerca de las características y efectos de los últimos fenómenos intensos que ocasionaron problemas de inundaciones en toda la cuenca y algunos brindaron información pluviométrica de registros propios como también registros fotográficos y otra información que contribuyó con la selección de los eventos meteorológicos.

La información pluviométrica de los productores permitió completar la información oficial y modificó sensiblemente la distribución espacial de la precipitación en la cuenca y arrojaron un aceptable análisis de consistencia. (Biancotti et al., 2015).

El escenario de 2012 fue más húmedo, con características de precipitación continua, dado que en la cuenca llovía desde el mes de octubre, por lo tanto la humedad antecedente fue mayor en este caso. En el escenario de agosto de 2015 no se registraron precipitaciones antecedentes por lo que la cuenca poseía una condición más seca al momento de ocurrir la tormenta.

Para la calibración de los parámetros de los modelos se seleccionó la tormenta del 5 al 14 de agosto de 2015, porque se dispuso de mediciones topográficas de campo de las alturas de agua y anchos de planicie inundada, datos observados necesarios para el modelo hidrodinámico. Para validar los modelos se utilizó la tormenta del 14 al 20 de diciembre de 2012.

Las Figuras 22 y 23 muestran los hietogramas utilizados en el modelo hidrológico. Los mayores montos pluviométricos de la tormenta de agosto de 2015 se concentran entre el 8 y el 10 de agosto. No hubo registros pluviométricos en las estaciones Bouquet y Montes de Oca, siendo las precipitaciones máximas diarias menores en promedio de 20 mm respecto de las del escenario 2012.

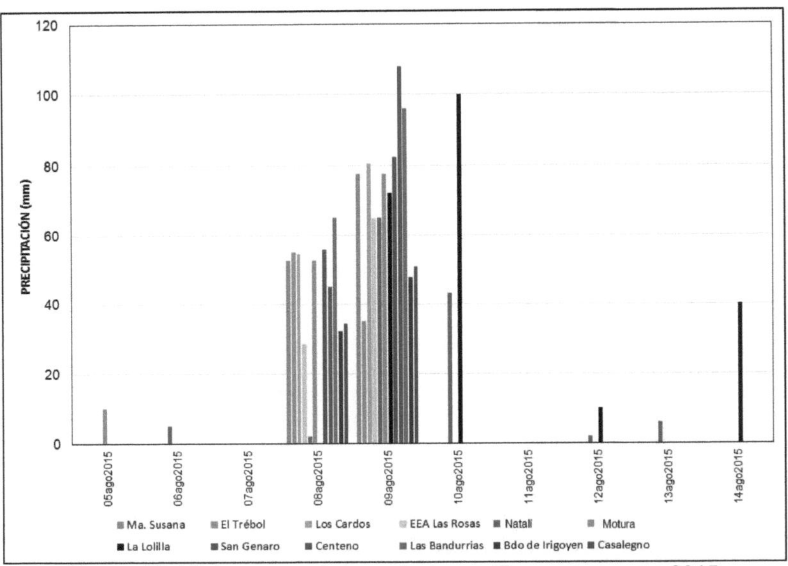

Figura 22: Hietogramas de las estaciones. Tormenta agosto 2015

Se observa que los mayores montos pluviométricos de la tormenta de diciembre de 2012 se concentran entre el 16 y 20 de diciembre y según la información de los diferentes productores consultados, la altura de agua máxima alcanzada ocurrió entre el 19 y 20 de diciembre.

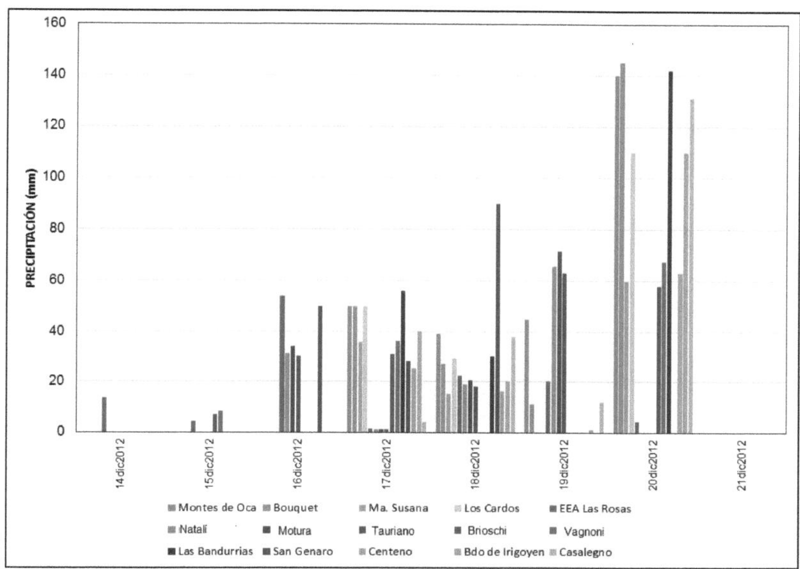

Figura 23: Hietogramas de las estaciones. Tormenta diciembre 2012

10.5. Modelación hidrológica con HEC-HMS

Para la discretización o subdivisión de la cuenca se consideraron los paleocauces extendidos al oeste de la cuenca superior que representaron la trayectoria del escurrimiento natural, resultando cuencas más alargadas que en la cuenca media e inferior, principalmente en la margen derecha del arroyo. La Figura 24 muestra la discretización de la cuenca del arroyo Las Turbias utilizada para implementar el modelo hidrológico. La Tabla 10 presenta las características físicas de las 36 subcuencas y 20 tramos de propagación.

Las características físicas de las subcuencas se calcularon de la base cartográfica disponible en formato digital, a través de un software de diseño asistido por computadora, que permite trazar longitudes de escurrimiento, medir distancias, superficies, entre otras dimensiones.

Las pendientes medias de las subcuencas se calcularon promediando las pendientes de los diferentes recorridos del agua según la topografía superficial.

Para calcular el tiempo de concentración de las subcuencas se promediaron diferentes métodos: Kirpich, Témez, Giandotti, Dooge (Vélez Upegui y Botero Gutiérrez, 2010; Dooge, 1973; Chow, 1994), que tienen en cuenta la longitud de escurrimiento, pendiente o desnivel y el área de la subcuenca.

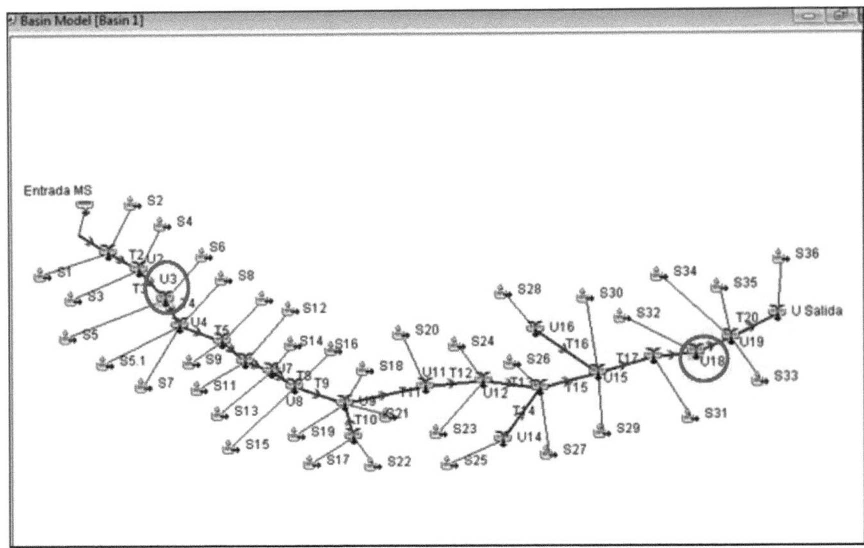

Figura 24: Topología de la cuenca en el modelo HEC- HMS

La simulación matemática hidrológica se realizó adoptando del HEC-HMS los siguientes algoritmos:

- Modelo meteorológico: calcula el hietograma medio mediante la ponderación por polígonos de Thiessen.
- Pérdidas por infiltración: Método de Curva Número (CN) del S.C.S.
- Transformación lluvia-caudal por el método del hidrograma unitario de Clark.
- Propagación en tramos de cauce: Método de Muskingum Cunge.

Los datos de entrada son diarios y el paso de tiempo de simulación del modelo es dt= 1 hora.

Para propagar por el método de Muskingum Cunge se poseían los datos de perfiles transversales del cauce principal, relevados por el MIT. En el caso de afluentes los perfiles se reconstruyeron con las curvas de nivel de la base cartográfica disponible.

Parámetros del modelo hidrológico – Condición inicial

Los valores de CN se adoptaron inicialmente entre 55 y 62 ponderando entre pasturas y un porcentaje de praderas con tipo de suelo B (tasa de infiltración media) para el escenario de 2015 y cambiando al suelo de tipo D (tasa de infiltración muy baja y alto potencial de escurrimiento) con un aumento en valores de CN del 10 a 20 % promedio para el escenario de 2012.

Los coeficientes de almacenamiento R de Clark se consideraron entre 1 y 1,5 veces el tiempo de concentración.

Tabla 10: Características físicas de las subcuencas y de los tramos

Subcuenca	Área [km²]	Pendiente media	Tiempo de concentración [hs]	Tramo	L (km)	Δh [m]	Pendiente
1	28,920	0,00124	11,23	T1	2,62	1,94	0,0007
2	7,192	0,00167	4,86	T2	1,72	0,79	0,0005
3	36,382	0,00086	10,07	T3	2,97	1,33	0,0004
4	9,050	0,00105	6,12	T4	3,26	1,45	0,0004
5	38,928	0,00083	11,06	T5	1,54	0,54	0,0003
5.1	3,508	0,00203	3,09	T6	2,66	2,60	0,0010
6	17,684	0,00084	8,80	T7	2,13	2,05	0,0010
7	48,135	0,00080	9,21	T8	1,84	1,84	0,0010
8	17,592	0,00050	9,96	T9	1,61	1,57	0,0010
9	1,208	0,00185	2,49	T10	0,97	1,45	0,0015
10	19,540	0,00095	8,52	T11	5,73	4,44	0,0008
11	27,554	0,00141	7,90	T12	3,12	4,33	0,0014
12	26,699	0,00088	6,88	T13	10,80	18,17	0,0017
13	25,962	0,00132	8,29	T14	10,30	30,00	0,0029
14	3,435	0,00149	3,21	T15	4,43	4,39	0,0010
15	46,469	0,00115	9,48	T16	5,04	6,89	0,0014
16	17,174	0,00164	4,48	T17	8,28	7,20	0,0009
17	31,431	0,00184	8,00	T18	9,58	9,49	0,0010
18	4,174	0,00347	3,35	T19	6,99	1,42	0,0002
19	4,188	0,00395	3,46	T20	6,78	14,50	0,0021
20	24,669	0,00385	5,24				
21	0,885	0,00671	2,28				
22	68,209	0,00216	9,82				
23	70,288	0,00233	10,29				
24	3,374	0,01010	1,85				
25	23,834	0,00258	5,59				
26	22,088	0,00544	6,24				
27	20,321	0,00453	5,05				
28	54,850	0,00407	6,77				
29	45,838	0,00489	5,78				
30	22,951	0,00182	6,17				
31	54,758	0,00175	8,53				
32	41,459	0,00185	8,19				
33	18,153	0,00055	9,30				
34	40,888	0,00115	10,03				
35	19,382	0,00027	9,21				
36	24,141	0,00286	5,79				
Área Total (km²)	971,312						

Las rugosidades de cauce *nc* y de planicie *np* para los perfiles de Muskingum Cunge del método de propagación fueron de 0,035 y 0,08 respectivamente. Las mismas rugosidades iniciales se utilizaron en los perfiles del tramo en el modelo HEC-RAS.

Para el escenario de 2012 se consideró un caudal de entrada de la cuenca superior a la altura de la localidad de María Susana de 20 m^3/s como aporte hídrico aguas arriba que corresponde a una recurrencia entre 2 y 5 años según el informe técnico de Siri (2015), porque desde el mes de octubre en la región ocurrieron fenómenos de precipitación generalizados que generaron condiciones de humedad antecedentes y anegamientos previos a la fecha del evento de validación seleccionado.

La simulación hidrológica generó los hidrogramas de referencia iniciales del tramo de propagación seleccionado para el modelo hidrodinámico y corresponden a las uniones U3 que es la condición de borde de AA y la U18 como condición de borde de aa (Figura 24).

10.6. Modelación hidráulica con HEC-RAS

Como se mencionó anteriormente el arroyo Las Turbias no posee registros de series hidrométricas continuas, por lo que se decidió recurrir a productores y otras instituciones intermedias para recolectar información de diferentes características -como marcas de niveles máximos de agua, anchos de planicie inundada, fotos, relatos- que permitan determinar las cotas hidrométricas para reproducir las crecidas de 2012 y 2015 y calibrar los parámetros de los modelos (Morresi et al., 2014).

Para implementar el modelo hidrodinámico lo más importante es disponer de buena calidad de la topografía (perfiles transversales del tramo). Con respecto a este punto es necesario aclarar que los perfiles transversales medidos y proporcionados por el MIT en promedio abarcaban un ancho de 20 m, insuficiente para propagar las crecidas seleccionadas. Al no disponerse de mediciones topográficas laterales al arroyo, los anchos de planicie de inundación de los perfiles transversales se extendieron hacia ambos lados del cauce alcanzando un ancho total promedio de 1000 m, interpolando entre las curvas de nivel regionales de la base cartográfica disponible.

Los perfiles transversales y las características estructurales de las obras hidráulicas existentes (alcantarillas y puentes) se representaron en el modelo geométrico del HEC-RAS en las progresivas correspondientes del tramo de propagación. La geometría del tramo requirió la interpolación de perfiles cada 100 m (Figura 25), que el modelo realiza automáticamente y denota con un asterisco (*) para diferenciarlos de los perfiles reales (datos).

Con las condiciones de borde AA (progresiva 68626 m), de aa (progresiva 14400 m) y laterales a lo largo del tramo de propagación (aportes laterales) obtenidos como hidrogramas de referencia con el modelo HEC-HMS, se corrió el modelo hidrodinámico, adoptando inicialmente rugosidades de Manning de 0,035 para cauce (*nc*) y de 0,08 para planicie de inundación (*np*).

Los datos hidrológicos de entrada son diarios, el tiempo de simulación del modelo HEC-RAS fue de 1 hora (dt= 1h). La propagación en el tramo se realizó en la condición de “unsteady flow”, es decir flujo impermanente.

Debido a problemas de inestabilidad numérica del modelo, la condición de borde aguas abajo se modificó a la condición de profundidad normal con pendiente media del tramo.

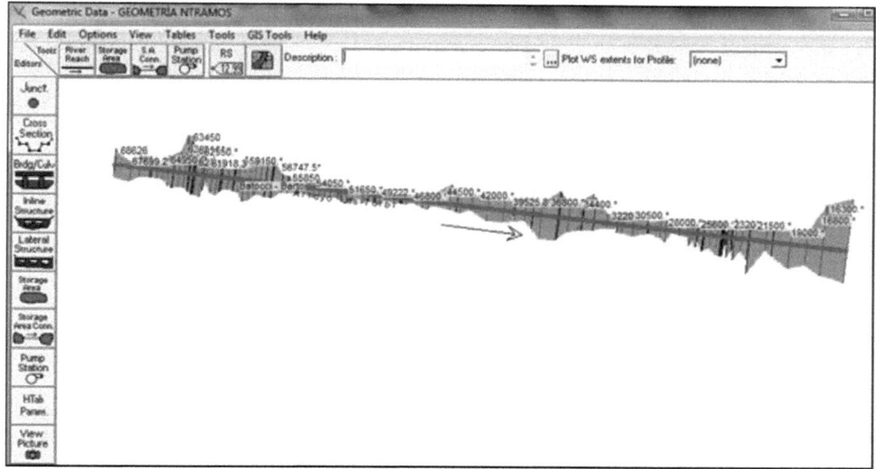

Figura 25: Tramo de propagación. Modelo HEC-RAS

10.7. Calibración y verificación de los modelos

Para la etapa de calibración se consideró el escenario de agosto 2015 dado que se pudo recorrer la cuenca y relevar información de interés próxima al pico de la crecida. Con los datos de las fotografías, marcas máximas de agua e información cualitativa brindada por los productores y las mediciones topográficas realizadas en campo se determinaron las cotas hidrométricas máximas y anchos de planicies inundadas en algunas progresivas intermedias del tramo. Debido a la incertidumbre de datos de los anchos de planicies de inundación de los perfiles transversales por no disponerse de mediciones, la calibración de los parámetros del modelo HEC-RAS se realizó respecto de las cotas hidrométricas de inundación consideradas como únicos datos observados confiables.

La calibración de los modelos, se realizó un proceso iterativo de ajuste simultáneo. El proceso de ajuste por prueba y error comienza por el modelo hidráulico, las modificaciones de los parámetros se introducen en el modelo hidrológico, generando otros hidrogramas de referencia que son las nuevas condiciones de borde AA, aa y laterales en el modelo hidráulico repitiéndose el proceso hasta lograr el ajuste aceptable de las cotas hidrométricas simuladas en el modelo hidráulico con las observadas. La rugosidad de planicie np fue modificada por tramos, siendo el parámetro de calibración más sensible por ser predominante respecto de la rugosidad de cauce nc.

En el método de propagación del modelo HEC-HMS se consideraron las mismas modificaciones de np de los perfiles transversales ajustados en HEC-RAS. El CN se modificó para complementar la variación de los caudales generados por las subcuencas en los puntos de control seleccionados, comparándolos con los caudales calculados en el modelo hidrodinámico.

Los valores de *CN* luego de la calibración son en promedio 55 para el escenario de simulación 2015 y se corresponden con humedad antecedente en Condición II (suelos con capacidad de campo) y Grupo Hidrológico B con potencial de escurrimiento medio, variando la cobertura vegetal entre cultivo en hileras, pastizales y praderas. Para el escenario 2012, los valores de *CN* se aumentaron entre 70 y 75 que corresponde a la Condición III (saturado) (USDA, 2004; Fatorelli y Fernández, 2011).

Los coeficientes de rugosidad luego de la calibración para planicies de inundación están en el rango de 0,05 a 0,13. Los valores de *np* mayores a 0,1 son coeficientes que representan planicies de inundación con árboles y vegetación densa y corresponden a los tramos cercanos a los puentes principales de las rutas provincial Nº 13 y nacional Nº 34 (Arcement y Schneider, 1989).

La verificación se realizó para el escenario de diciembre de 2012, utilizando la misma geometría en ambos modelos y realizando el mismo proceso iterativo. En este escenario debieron aumentarse los valores de *CN* debido a la condición más húmeda de la cuenca por precipitaciones antecedentes. Las Tablas 11 y 12 muestran los errores de la calibración y validación del modelo hidrodinámico. Los errores relativos se calcularon respecto de las cotas observadas.

Tabla 11: Resultados de la calibración. Escenario agosto de 2015

Progresiva (m)	**Cota observada** (m)	**Cota calibrada** (m)	**Error cota** (m)	**Error relativo cota** (%)
65850	100,93	101,04	-0,11	-0,11
63850	100,13	100,74	-0,61	-0,61
62250	99,46	99,28	0,18	0,18
54994	92,31	92,31	0	0,00
51035	88,22	88,45	-0,23	-0,26
47485 Ruta 13	84,9	86,22	-1,32	-1,55
37678	68,82	68,69	0,13	0,19
33167	62,86	62,78	0,08	0,13
29149	59,45	59,42	0,03	0,05
23657 Ruta 34	56,09	55,89	0,20	0,36
22856	53,57	53,66	-0,09	-0,17
17300	48,94	48,88	0,06	0,12

Algunas progresivas del escenario de validación (2012) son diferentes del escenario de calibración (2015) ya que depende de los puntos de control de los que se disponía de datos observados.

Los errores de las cotas hidrométricas varían entre 0 m y 1,32 m para el escenario de calibración 2015 mientras que para el escenario de validación 2012 el rango de errores fue entre 0,05 m y 1,08 m, tomados en valor absoluto.

Tabla 12: Resultados de la validación. Escenario diciembre de 2012.

Progresiva (m)	**Cota observada** (m)	**Cota calibrada** (m)	**Error cota** (m)	**Error relativo cota** (%)
65850	101,18	101,26	-0,08	-0,08
63850	100,077	100,73	-0,65	-0,65
63152	99,28	100,03	-0,75	-0,76
51035	88,36	88,69	-0,33	-0,37
47485 Ruta 13	87	86,54	0,46	0,53
43265	79,65	78,57	1,08	1,36
41100	75,06	74,98	0,08	0,11
39069	72,26	72,31	-0,05	-0,07
23657 Ruta 34	55,8	56,58	-0,78	-1,40
22200	53,54	53,49	0,05	0,09
15300	46,41	46,58	-0,17	-0,37

En la crecida de 2015 la ruta provincial N° 13 presenta el mayor error respecto de las demás progresivas analizadas (mayor al 1 %) y en la ruta nacional N° 34 el error fue de de 20 cm.

En el escenario 2012 los errores mayores se presentó en la ruta 34 y en la progresiva 43265 (mayor al 1 %) y en ruta 13 de 46 cm.

Si se adopta una tolerancia de diferencia aceptable de 20 cm, el escenario 2015 presenta 9 progresivas con ajuste aceptable sobre un total de 12 puntos de control (75 %), mientras que el escenario 2012 arrojó el 50 % de ajuste aceptable.

La Figura 26 presenta el gráfico de errores de la crecida 2015 y la Figura 27 muestra el perfil longitudinal del pelo de agua del tramo en el escenario 2012.

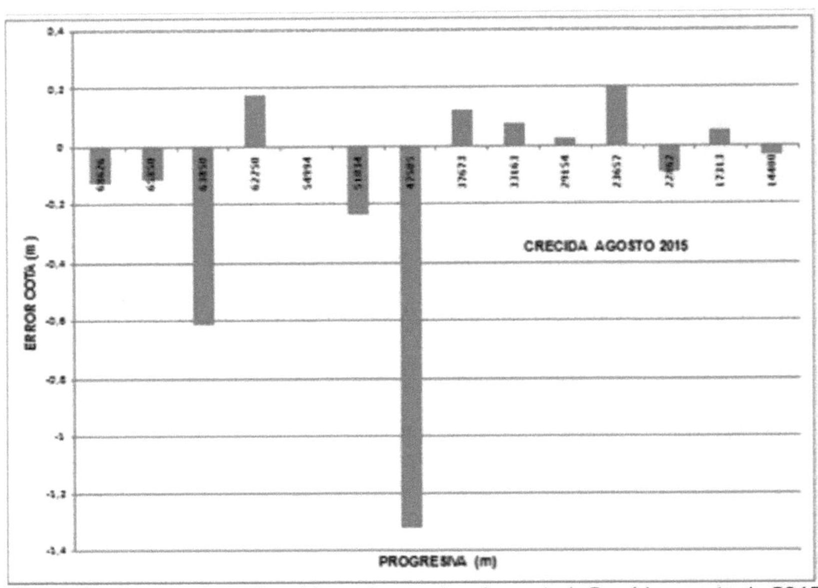

Figura 26: Errores de calibración en los puntos de control. Crecida agosto de 2015

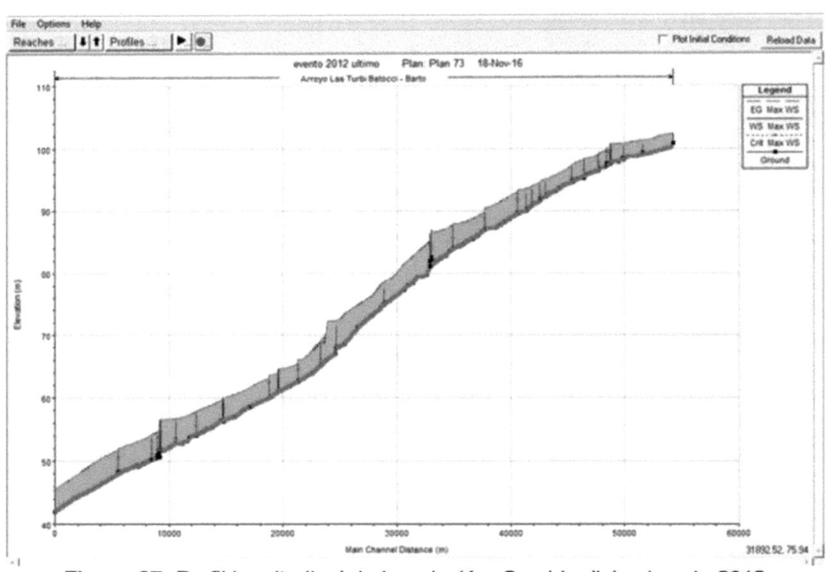

Figura 27: Perfil longitudinal de inundación. Crecida diciembre de 2012

10.8. Conclusiones

La calibración de los modelos fue posible principalmente gracias a la información proporcionada por los productores de la cuenca por lo que es importante incorporar estos datos a la información oficial.

El empleo en conjunto de dos modelos matemáticos permitió complementar el proceso de calibración simultánea en casos donde no se dispone de serie de registros históricos oficiales.

La propagación de las crecidas simuladas desborda el cauce principal y predomina en la planicie de inundación, siendo sus características influyentes principales en el movimiento del flujo que se trasladan al parámetro de calibración.

Los valores de los parámetros obtenidos en los resultados de la calibración, se encuentran dentro del rango aceptable brindado por la bibliografía en cuencas rurales.

Se evidencia incertidumbre de datos en las planicies de inundación en diferentes perfiles transversales del tramo.

Los errores de las cotas hidrométricas en las distintas progresivas y las correspondientes a las rutas principales (ruta provincial Nº 13 y ruta nacional Nº 34) en los diferentes escenarios simulados, superan la tolerancia adoptada. Una de las causas puede fundamentarse en que el modelo unidimensional no representa adecuadamente los efectos de la contracción de sección en el pelo de agua por la existencia de obras hidráulicas.

Otra causa se atribuye a la incertidumbre de datos especialmente en la topografía de la planicie de inundación. La topografía de los perfiles transversales y obras hidráulicas puede verse modificada por acciones humanas realizadas en la cuenca.

11. ANALISIS DE LA SITUACIÓN LOCAL

Las modalidades participativas son herramientas que se utilizan en diferentes proyectos y programas de desarrollo económico, social y ambiental y específicamente en el manejo integrado de cuencas o de recursos naturales, han favorecido los procesos de planificación, ejecución, supervisión y evaluación (WorldVision, 2017). Se trata de enfocar el problema desde una óptica técnica y social integrada combinando medidas estructurales y no estructurales (Paoli, 2015).

En el año 1986 se sanciona en la provincia de Santa Fe la Ley Provincial 9830/86 que habilita la creación de Comités de Cuencas que son organismos multisectoriales/multiactorales con competencia territorial que poseen la finalidad de promover el desarrollo del área mediante la incorporación de las formas de manejo agro hidrológico y aprovechamiento del recurso hídrico adecuado para la región. http://www.santafe.gob.ar/index.php/web/content/view/full/4705

Dentro de las etapas de este estudio se realizaron actividades relacionadas con técnicas participativas que condujeron a experiencias de vinculación positiva entre los beneficiarios (productores) de las obras e instituciones locales de la cuenca del arroyo Las Turbias.

Durante el desarrollo de las investigaciones se detectaron ciertas dificultades entre las distintas categorías de actores que conviven en la cuenca: productores, técnicos, y organismos del estado, influenciada en parte por la extensión de la misma. La visualización de esta situación nos motivó a identificar las vulnerabilidades existentes en la cuenca mencionada como primera etapa para contribuir a la gestión integrada de la cuenca hídrica.

Se identificaron conflictos entre productores entre sí y con instituciones gubernamentales locales (Comité de Cuenca) y provinciales agudizadas ante el desborde del arroyo a causa de eventos meteorológicos de media y gran intensidad, producto de acciones individuales ante la demora en la concreción de obras hidráulicas de parte del Comité de Cuenca. Esta situación ocurre en distintas cuencas de la provincia y con este caso de estudio se pretende contribuir con líneas de acción tendientes al fortalecimiento de las relaciones sociales e interinstitucionales.

11.1. Identificación de actores

Al inicio del estudio se realizaron encuentros de reconocimiento preliminar territorial mediante entrevistas y reuniones con autoridades de organismos gubernamentales, ejecutivos (comuna), intermedios (AFA, Comité de Cuenca) y talleres multisectoriales con la red de productores, representantes técnicos del Ministerio de Infraestructura y Transporte, en las cuáles se relevó preliminarmente como plantea Beck (2007), la percepción social del riesgo de los distintos actores identificados.

En la primera reunión de presentación de los objetivos del proyecto, luego de establecer un vínculo de confianza, se les propuso relevar información para lo cual se les facilitó un plano de la cartografía catastral con los límites de la cuenca, donde los productores ubicaron sus lotes y señalaron los inconvenientes que sufrieron con las últimas lluvias intensas registradas en la zona como muestra la Figura 28. Además aportaron información fotográfica y marcas de agua en propiedades de algunos productores con las que se pudo obtener las cotas hidrométricas de las crecidas del arroyo.

Se identificaron los siguientes grupos de actores de acuerdo a los roles o posiciones, intereses y acciones en la cuenca ante la emergencia hídrica:
Red de productores: propietarios particulares organizados y autoconvocados. Poseen datos específicos local y regional, dispuestos a brindarla. Gestionan acciones/soluciones inmediatas individuales y búsqueda de asesoramiento de consultoras. Desconfianza/conflictos sociales particulares entre sí, particulares e instituciones gubernamentales o intermedias (Comité de Cuenca).
Organismo de cuenca: a través del Comité de Cuenca Integrado Las Turbias-Las Bandurrias. Organismo con competencia jurisdiccional para tomar decisiones y ejecutar obras proyectadas por el estado. Posee representación intersectorial: productores, provincia (representante técnico), gobierno local (intendentes de localidades involucradas)
Instituciones locales: como los AFA de Los Cardos, Las Rosas y San Genaro, con jurisdicción local y con fines específicos.
Gobierno provincial: Ministerio de Infraestructura y Transporte, organismo de control, autoridad de aplicación de legislación para regular las intervenciones en la cuenca.

Figura 28: Reunión de productores en AFA Los Cardos, junio 2014.

Mediante los distintos encuentros planificados fue posible establecer vínculos positivos que favorecieron el intercambio de información en la unidad de gestión seleccionada.

Se obtuvo información específica de cada grupo de actores, que facilitó la representación de escenarios de emergencia hídrica y la evaluación de los resultados obtenidos en instancias presenciales multisectoriales. En la Figura 29 se muestra la reunión de discusión de resultados realizada con productores y autoridades locales.

Figura 29: Municipalidad de San Genaro. Diciembre 2016.

Se detectaron distintas vulnerabilidades principalmente social e institucional. La vulnerabilidad social se evidenció en conflictos de los productores entre sí y entre productores y organismos locales y provinciales (que alcanzaron juicio por expropiación) y la vulnerabilidad institucional centrada en el rol de las instituciones tomadoras de decisión para ejercer el control y supervisión de las acciones de intervención en la cuenca (Morresi, 2015).

La incertidumbre emergente de la Vulnerabilidad Social se manifiesta en:
- Iniciativas de búsqueda de soluciones individuales.
- Productores autoconvocados para acordar estrategias.
- Búsqueda de asesoramiento externo (particular).
- Desacuerdos y tensiones con autoridades y algunos productores.
- Exigencia de presencia del Estado para brindar soluciones adecuadas.

Sobre la base de la discusión de los resultados en las autoridades locales y los productores reconocieron la falta de enfoque integral para la gestión de la cuenca y el funcionamiento ineficiente del Comité de Cuenca del arroyo Las Turbias. Un avance positivo en este sentido es la constitución de un Comité de Cuenca Integrado de las cuencas de los arroyos Las Turbias y Las Bandurrias, desde fines del año 2016. Como iniciativa colectiva se evaluó la necesidad de integrar toda la información hídrica disponible a través de cada Comité de Cuenca y luego al Organismo de Cuenca. Dada la amplitud espacial de ambas cuencas se puede pensar en una estructura organizacional. Este esquema de organización considera categorías de diferentes grados, que se logra luego de identificar y categorizar los actores sociales de la cuenca (Cano et al, 2016).

11.2. Categorización de actores

Según la posibilidad de acción frente a la problemática identificada en la cuenca, se establecieron diferentes categorías interrelacionadas en los grupos de los actores sociales de la cuenca (Chevalier, 2004). La Figura 30 presenta un esquema de organización y de relación de poderes entre los actores sociales identificados durante el desarrollo de la investigación.

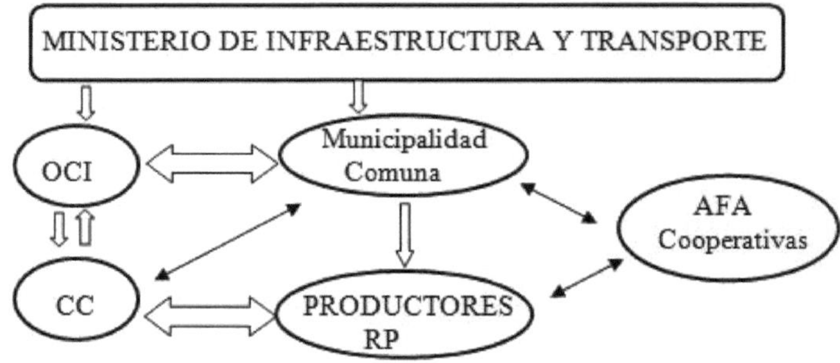

Figura 30: Esquema de relaciones de los actores sociales.

En la red de productores (RP) es posible establecer dos categorías: productores propietarios influyentes y productores arrendatarios vulnerables, por poseer distinto poder de decisión, motivaciones e inquietudes.

Dentro del Organismo de Cuenca Interjusrisdiccional (OCI) es importante distinguir distintas categorías: distritos, autoridades locales (comunas, intendentes), Comités de Cuencas (de Las Turbias y Las Bandurrias), este último como integrador de los intereses comunes de las categorías anteriores. A través de un representante técnico se relaciona con el gobierno provincial. Son organizaciones influyentes-dominantes.

Las instituciones locales de cada distrito y ciudad o localidad se categorizan en instituciones con poder político (municipalidades, comunas) y las instituciones intermedias como AFA, INTA, Cooperativas con fines específicos. Son organizaciones influyentes.

Dentro del Gobierno Provincial, la autoridad competente como autoridad política dominante de la cual dependen los otros grupos de actores.

En principio se visualizaron tres grandes niveles en cuanto a la autoridad de aplicación, el primer nivel la provincia, las decisiones locales que se determinan en OCI y/o Comité de Cuenca y las acciones de particulares.

11.3. Conclusiones

La modalidad participativa utilizada en el desarrollo de la investigación favoreció el intercambio de distintas percepciones, experiencias e información que se consideró valiosa como contribución al proceso del manejo integrado de los recursos hídricos en la cuenca. Es importante impulsar acuerdos entre Comités de Cuencas y autoridades locales especialmente en aquellas situaciones de trasvase de cuencas donde las decisiones integrales y colectivas deben predominar sobre las individuales.

Es necesario fortalecer las relaciones sociales e interinstitucionales y generar mecanismos de acciones participativas para recomponer la confianza de los productores: mejorar la comunicación de actividades específicas entre el Comité de Cuenca y productores; concientizar sobre los problemas y soluciones factibles de la cuenca con la participación de los damnificados en las decisiones; generar espacios para intercambiar opiniones entre productores, productores-gestores, autoridades locales-provinciales, productores-Comité de Cuenca, centralizar e integrar la transmisión de información técnica ante situaciones de emergencias hídricas.

12. CONCLUSIONES FINALES

Como procedimiento de recopilación de datos e información, se estableció el criterio que aquellos antecedentes considerados importantes deberían ser registrados y documentados correctamente. En el caso que los antecedentes correspondían a archivos digitales, se realizaban una copia de resguardo. Si los documentos estaban registrados en formato físico o papel, se hacían copias digitales por medio de un escáner o por medio de registros fotográficos. Las conversaciones establecidas en forma personal fueron registradas en forma digital por medio de un grabador.

La base cartográfica disponible es completa, existen perfiles topográficos (longitudinales y transversales) en toda la extensión del curso principal del arroyo Las Turbias y la densidad de puntos fijos planialtimétricos materializados por el IGN y el MIT cubren casi toda la superficie de la cuenca. Sin embargo, hay que verificar por medio de trabajos de campo la existencia de dichos puntos fijos.

En relación, a los antecedentes en estudios hidrológicos/hidráulicos y ambientales no se dispone de mucha información, ya que hay sólo dos estudios localizados en la cuenca inferior y 4 años de registro de las alturas hidrométricas en el arroyo de Las Turbias (mayo de 2004 a febrero de 2008).

La recopilación de antecedentes en registros fotográficos de las afectaciones hídricas ocurridas en la cuenca del arroyo Las Turbias en las instituciones provinciales, regionales a municipales fue de difícil acceso. El MIT presentaba varios registros fotográficos de inspecciones de obras, pero pocas fotografías de las afectaciones hídricas. Mientas que los municipios tenían registros fotográficos de las afectaciones urbanas y accesos principales a las localidades y pocos documentos de las afectaciones rurales.

Como consecuencia se recurrió a productores agropecuarios u otras entidades que ante eventos hidrológicos estaban afectados directamente y poseían registros fotográficos. Gran parte de los productores tienen registro de las inundaciones en fotografías o filmaciones y algunos conocen hasta que altura llegó el nivel del agua en determinados sectores de sus propiedades. Por otro lado, la mayoría de los productores tienen conocimiento de la forma en que han afectado a sus propiedades, cuánto tiempo han permanecido inundados, qué afectaciones han originado en las propiedades (procesos erosivos en las áreas sembradas, roturas y desplazamientos de postes de alambrados, etc.), en los caminos rurales u obras de arte (procesos erosivos, desbordamiento, etc.). Toda esta información contribuyó a la representación cartográfica de la evolución temporal y espacial de las inundaciones ocurridas en la cuenca del arroyo Las Turbias.

De los contactos establecidos con los productores agropecuarios se dispuso de fotografías que documentan las afectaciones ocurridas en parcelas rurales, caminos comunales, alcantarillas y rutas en diferentes sectores de la cuenca. Principalmente las fotografías eran de diciembre de 2012 y octubre de 2013, pero también de marzo de 2007, octubre 2012, abril de 2014 y agosto de 2015.

De la revisión de antecedentes, de los estudios disponibles en los organismos oficiales, se puede visualizar que existe mucha información pero que no está vinculada espacialmente en una base cartográfica. Ante este inconveniente se generó un producto cartográfico (como la Figura 4) que permite visualizar fácilmente la localización y extensión de los estudios realizados en la cuenca y establecer la cantidad y tipos de estudios efectuados.

Si los organismos públicos adoptarían este tipo de producto cartográfico permitiría agilizar la búsqueda de diferentes categorías de datos en lugares específicos, constituyendo una herramienta muy útil para facilitar la ubicación de la información que podrá ser actualizada y mejorada en la medida en que los proyectos avancen y se agregue nueva información. Además permitirá analizar la densidad de intervenciones del Estado en cada cuenca, y la evolución de los distintos tipos de estudios. Esto contribuiría a la toma de decisiones en futuras intervenciones a realizar en la cuenca.

Sería importante que a nivel de Comité de Cuenca se genere un banco de datos que recopile los registros fotográficos y fílmicos de las crecidas ocurridas en el arroyo Las Turbias como así también que recopile los datos de precipitaciones y alturas de napas freáticas de los productores e instituciones que se encuentran dentro o en las proximidades de la cuenca del arroyo Las Turbias. De forma tal que ese banco de datos pueda ser utilizado por los profesionales técnicos que realizan estudios o análisis sobre los eventos hídricos acontecidos en dicho arroyo.

Del procedimiento realizado con las fotografías brindadas por los productores e instituciones se pudo tener información relevante para la modelación matemática y representación de alturas hidrométricas en puntos estratégicos del tramo del arroyo.

Es necesario destacar que gran parte de este estudio no se podría haber logrado sin la participación de los productores agropecuarios e instituciones locales que colaboraron con información.

Se considera que por medio de este estudio se pudieron establecer las principales características y efectos de la crecida ocurrida en el arroyo las Turbias y que en un futuro se podrían realizar los mismos trabajos en el resto de las cuencas hídricas de la provincia de Santa Fe en las que no se dispone información.

13. AGRADECIMIENTOS

Los autores agradecen a los estudiantes Marcus Ramiro, Biancotti Ezequiel, Bogusz Jésica y Mosso Matías por la colaboración realizada en el desarrollo de las diferentes actividades en las distintas disciplinas relacionadas al proyecto de investigación.

También por la información brindada al equipo de investigación se agradece a la siguientes instituciones: al Instituto Geográfico Nacional (IGN), a la Subsecretaría de Recursos Hídricos de la Nación, a la Dirección Nacional de Vialidad (DNV), al Instituto Nacional de Tecnología Agropecuaria (INTA), al Instituto Nacional del Agua INA), al Servicio Meteorológico Nacional (SMN), a la Comisión Nacional de Actividades Espaciales (CONAE), a los ferrocarriles General Belgrano (FCGB) y Nuevo Central Argentino (NCA), al Servicio de Catastro e Información Territorial (SCIT), al Centro de Documentación y a La Dirección Provincial de Drenajes y Retenciones del Ministerio de Infraestructura y Transporte (MIT), a la Dirección Provincial de Vialidad (DPV), a la Dirección Provincial de Comunicaciones de Santa Fe (DPC), al portal de noticias del Gobierno de la provincia de Santa Fe, al Comité de Cuenca del arroyo Las Turbias, a la empresa Agroservicios Pampeanos (ASP, agrocentro San Genaro), a la Cooperativa de Tamberos y Agrícola Ltda., al Centro de Informaciones Meteorológicos (CIM-FICH-UNL), al diario El Litoral (de Santa Fe) y al diario Convergencia (de San Genaro).

Los autores agradecen especialmente la colaboración de las autoridades gubernamentales locales de Las Rosas, Los Cardos, San Genaro y Centeno y a la cooperativa agropecuaria Agricultores Federados Argentinos S.C.L. (AFA) (de San Genaro, Los Cardos y Las Rosas) por brindar información y realizar gestiones para posibilitar los encuentros. A la red productores por la valiosa información brindada y la participación de las actividades realizadas.

14. REFERENCIAS BIBLIOGRAFICAS

Arcement, G. J. and Schneider, V.R. (1989). Guide for Selecting Manning's Roughness Coefficients for Natural Channels and Flood Plains. U.S. Geological Survey Water-Supply Paper 2339. Denver: United States Government Printing Office. Recuperado de: http://pubs.usgs.gov/wsp/2339/report.pdf (23/05/17)

Beck, U. (2007). Vivir en la sociedad del riesgo mundial. Serie: Dinámicas interculturales. Número 8. Barcelona: CIDOB. Pp. 56. ISSN: 1698-2568.

Biancotti, E.; Marcus, R.; Morresi, M. y Gardiol, M. (2015). "Análisis pluviométrico de estaciones oficiales y particulares. Influencia en la determinación de hietogramas". CONAGUA 2015. Paraná, Entre Ríos.

Bogusz, J., Mosso, M. y Gardiol, M. (2014). Recopilación y análisis de antecedentes sobre afectaciones hídricas en la subcuenca del arroyo Las Turbias. En: 7º Congreso de la Ciencia Cartográfica, Centro Argentino de Cartografía. Ciudad Autónoma de Buenos Aires, Argentina. Noviembre de 2014.

Bogusz, J., Mosso, M. y Gardiol, M. (2016). Delimitación de áreas de afectaciones hídricas en la subcuenca del arroyo Las Turbias. En: 8º Congreso de la Ciencia Cartográfica, Centro Argentino de Cartografía. Ciudad Autónoma de Buenos Aires, Argentina. Noviembre de 2016.

Cano, E.; Schreider, M. y Ruberto, A. (2016). "Modelo participativo de organización para la gestión integrada de los recursos hídricos en la cuenca del río Tapenagá". *Aqua-LAC* - Vol. 8 - Nº 2 -. pp. 42 – 54.

Castro, Lina M.; Carvajal Escobar, Yesid. (2010). Análisis de tendencia y homogeneidad de series climatológicas. Ingeniería de Recursos Naturales y del Ambiente, núm. 9, enero-diciembre, 2010, pp. 15-25. Universidad del Valle Cali, Colombia. ISSN: 1692-9918.

Chandler, J.; Wackrow, R.; Sun, X.; Shiono, K.; Rameshwaran, P. (2008). Measuring Dynamic and flooding river surface by close range digital Photogrammetry. The International Archives of the Photogrammetry, Remote Sensing and Spatial Information Sciences. Vol. XXXVII. Part B7. Beijing 2008.

Chevalier, J. (2004). "El Sistema de Análisis Social". SAS.4.0. Carleton University, Ottawa, Canada. http://www.sas-pm.com/

Chow, Ven T.; Maidment, D.; Mays, L. (1994). Hidrología Aplicada. Santa Fe de Bogotá Colombia: McGraw-Hill Interamericana. ISBN: 958-600-171-7.

CONAE. (2015). Curso SoPI: introducción a la teledetección. Guía teórica de sensores remotos. Comisión Nacional de Actividades espaciales, Ciudad Autónoma de Buenos Aires, Argentina.

Consejo Federal de Inversiones, (CFI). (2001). Estudios hidrológicos e hidráulicos del evento ocurrido en Cañada de Gómez el 22/11/2000. Reporte de Gioria R., Santa Fe.

Dirección Provincial de Obras Hidráulicas, (DPOH) (1998). Estudio hidrológico-hidráulico del sistema de drenaje pluvial de la ciudad de Sunchales. Municipalidad de la ciudad de Sunchales, Santa Fe.

Dooge, J. (1973). Linear Theory of Hydrologic Systems. Technical Bulletin No. 1468 of the Agricultural Research Service, U.S.D.A. Washington, D.C., U.S.A. p.339.

El Once (2015). Más de 220 evacuados en Santa Fe y gran cantidad de campos inundados. [En línea]. [Consulta: 6 de abril 2016]. Publicada el 11-08-2015. http://www.elonce.com/secciones/sociedad/429222-mnas-de-220-evacuados-en-santa-fe-y-gran-cantidad-de-campos-inundados.htm

FICH-UNL (2005). Minimización del impacto de las inundaciones y sequías en la cuenca del A° Las Turbias. Proyecto de Extensión de Interés Social. Santa Fe. Argentina.

Fatorelli, S.; Fernández, P. (2011). Diseño hidrológico. 2° Edición en español. Edición digital. ISBN: 978-987-05-2738-2. WASA-GN. Recuperado de: http://www.ina.gov.ar/pdf/Libro_diseno_hidrologico_edicion_digital.pdf (24/10/2014)

Gardiol, M.; Ocampo, C. (2008). Aplicación de técnicas de perspectiva inversa a fotografías aisladas para la reconstrucción de crecidas históricas. En: XIV Congreso Nacional de Fotogrametría (14: 2008: Morón) Anales, Buenos Aires, Argentina.

Gardiol, M.; Ocampo, C. (2011). Reconstrucción histórica de niveles de la creciente del río Salado de 1914, en Paso Vinal, Esperanza, provincia de Santa Fe. En: 72° Semana de Geografía – Congreso Nacional de Geografía. Mar del Plata, Buenos Aires, octubre de 2011. Vol. 23, Pág. 109-120.

Gardiol, M. (2013). Las fotografías antiguas como fuente de información en inundaciones históricas. En: Congreso Internacional de Geografía, 74° Semana de Geografía. Contribuciones Científicas GAEA, ISSN: 0328-3194. Trevelin, Chubut, octubre de 2013. Vol. 25, Pág. 101-109.

Gardiol, M. (2015). Análisis de datos e información proporcionados por productores agropecuarios afectados por las crecidas del arroyo Las Turbias (Santa Fe). En: Congreso Internacional de Geografía, 76° Semana de Geografía. Contribuciones Científicas GAEA, ISSN: 0328-3194. Salta, Argentina. Septiembre 2015. Vol. 27, Pág.:109-117.

Gobierno de Santa Fe (2012). Plan director de los recursos hídricos de la provincia de Santa Fe. Informe 2: diagnóstico de la región 4, cuenca de los arroyos Monje, Colastiné, y de Los Padres. Ministerio de Agua, Servicios Públicos y Medio Ambiente de la provincia de Santa Fe, Instituto Nacional del Agua y Subsecretaria de Recursos Hídricos de la Nación.

Gobierno de Santa Fe (2014). Registros pluviométricos. Dirección General de Comunicaciones. [en línea]. [consulta: 17 de febrero de 2014]. http://www.santa-fe.gov.ar/gbrn/regpluv/

Instituto Nacional del Agua. (2012). Plan director de los recursos hídricos de la provincia de Santa Fe. Informe 2: diagnostico de la región 4, cuenca de los arroyos Monje, Colastiné, y de Los Padres. Gobierno de la provincia de Santa Fe.

Instituto Nacional de Ciencia y Técnicas Hídricas. (1976). Estudio hidráulico de factibilidad técnica. Comunicación Villa Ocampo- Puerto Ocampo. Centro Regional Litoral (CRL).

MASPyMA; CRL-INA; FICH. (2012). Plan Director de Recursos Hídricos de la provincia de Santa Fe. Santa Fe. Argentina

Ministerio de Aguas, Servicios Públicos y Medioambiente (MASPyMA). (2009). Reacondicionamiento del canal Pilar, obras de arte y camino comunal. Departamento Las Colonias. Provincia de Santa Fe. Subsecretaría de Planificación y Gestión.

Ministerio de Asuntos Hídricos (MAH). (2007). Influencia de los cambios físicos y climáticos en el régimen de escurrimiento del río Salado en su tramo inferior. UNL. INA. INTA. Santa Fe.

Morresi, M.; Gardiol, M.; Marcus, R.; Biancotti, E. (2014). Georreferenciación de la información topográfica e hidrológica de la cuenca del arroyo Carrizales-Monje. II Congreso

Internacional de Hidrología de Llanuras. Santa Fe, Argentina, ISSN Nº 978-987-692-039-1. CDD: 551

Morresi, M. (2015). "Cuenca del arroyo Las Turbias. ¿Cómo conviven las medidas estructurales y las no estructurales?". Informe Final del curso de posgrado: Vulnerabilidad social como dimensión del riesgo ambiental. Aspectos conceptuales, metodológicos y de gestión. Facultad de Ciencias Jurídicas y Sociales. Universidad Nacional del Litoral.

Palacio, C.; García, F. y García, U. (2010). Calibración de un modelo hidrodinámico 2d para la bahía de Cartagena. DYNA, Año 77, Nro. 164, pp. 152-166. Medellín. ISSN 0012-7353.

Palman, L. (2012). Reacondicionamiento del canal principal arroyo Las Turbias. Proyecto final de carrera de grado. FICH. UNL Santa Fe, provincia de Santa Fe.

Paoli, U. (2015). *Gestión integrada de crecidas. Guía y caso de estudio*. Luxembourg: Publications Office of the European Union. 90 pp. ISSN 1831-9424 (online). Recuperado de: http://www.ina.gob.ar/pdf/manual_gic_2015_online.pdf. (02/12/15)

Pasotti, P. (1966). Geomorfología de las cañadas de Rosquin y de Carrizales y zonas aledañas. En: Instituto de Fisiografía y Geología, Universidad Nacional de Rosario, Tomo X, Publicación L, Rosario.

Quaintenne, E. (1947). *Tratado metodológico de perspectiva*. Editorial El Ateneo, 2 edición, Buenos Aires, 450 pág.

Rojas, S y Giumelli, R. (2006). Reacondicionamiento del canal y obras de arte sobre la Cañada Carrizales y el Arroyo Monje 1ª etapa. Informe interno MASPyMA. Santa Fe, Argentina.

Samad, M.; Ahmad, A.; Hashim, K.; Ishak, N. (2010). Assessment of digital camera for mapping stream using close range photogrammetric technique. 6th International Colloquium on Signal Processing &Its Applications (CSPA), 207-211.

Siri, J. (2015). Informe sobre el análisis y estudio parcial del proyecto de reacondicionamiento y extensión del canal del arroyo "Las Turbias". Profesional Consultor contratado por Productores de la cuenca. Informe Técnico. 23 pág. Santa Fe.

Subsecretaria de Recursos Hídricos de la Nación (2014). Base de datos hidrológica integrada. [en línea]. [consulta: 7 de julio 2014]. <http://www.hidricosargentina.gov.ar/acceso_bd.php>.

Subsecretaría de Proyectos de Inversión y Financiamiento Externo. (SIPFE). (2007). Readecuación de las obras de mitigación contra inundaciones y estabilización de barrancas en la zona este de la ciudad de San Javier. Planteo de alternativas de anteproyecto. Ministerio de Hacienda y Finanzas de la provincia de Santa Fe. paginas

TN (2015). Hay 200 evacuados y rutas cortadas por el temporal en Santa Fe.[En línea]. [Consulta: 6 de abril 2016]. Publicada el 11-08-2015. http://tn.com.ar/sociedad/hay-200-evacuados-y-rutas-cortadas-por-el-temporal-en-santa-fe_609741

United States Army Corps of Engineers. (2014). Software HEC- HMS V. 4.0 Y HEC-RAS, V. 4.1 Downloads: http://www.hec.usace.army.mil/software/

United States Department of Agriculture (USDA). (2004). Hydrologic Soil-Cover Complexes. Chapter 9. Part 630 Hydrology National Engineering Handbook (NEH). Natural Resources Conservation Service. Recuperado de: https://directives.sc.egov.usda.gov/OpenNonWebContent.aspx?content=17758.wba(21/2/2017)

Vélez Upegui, J.; Botero Gutiérrez, A. (2010). Estimación del tiempo de concentración y tiempo de rezago en la cuenca experimental urbana de la Quebrada San Luis, Manizales. Dyna, Año 78, Nro. 165, pp. 58-¬71. Medellín, Colombia, Sur América. Recuperado de: http://www.revistas.unal.edu.co/index.php/dyna/article/view/25640/39138 (20/02/2017).

Wachrow, R.; Chandler, J.; Gardner, T. (2008). Minimising systematic errors in DEMS caused by an inaccurate lens model. The International Archives of the Photogrammetry, Remote Sensing and Spatial Information Sciences. Vol. XXXVII. Part B5. Beijing 2008.

Wenchao, S., Hiroshi, I.; Bastola S. (2010). Towards improving river discharge estimation in ungauged basins: calibration of rainfall-run off models based on satellite observations of river flow width at basin outlet. Hydrology and Earth System Sciences Discussions.

OMM. (2011). "Guía de prácticas hidrológicas". Volumen I. Hidrología – De la medición a la información hidrológica. OMM Nº 168. ISBN 978-92-63-30100-0.

WorldVision (2017). *Manual de manejo de cuencas.* Canadá. Pp. 107. Módulos i a VIII. Recuperado de: http://www.actswithscience.com/Descargas/manual%20de%20manejo%20de%20cuencas.pdf (26/03/2017).

yes

I want morebooks!

Buy your books fast and straightforward online - at one of world's fastest growing online book stores! Environmentally sound due to Print-on-Demand technologies.

Buy your books online at

www.morebooks.shop

¡Compre sus libros rápido y directo en internet, en una de las librerías en línea con mayor crecimiento en el mundo! Producción que protege el medio ambiente a través de las tecnologías de impresión bajo demanda.

Compre sus libros online en

www.morebooks.shop

KS OmniScriptum Publishing
Brivibas gatve 197
LV-1039 Riga, Latvia
Telefax: +371 686 204 55

info@omniscriptum.com
www.omniscriptum.com

Printed by Books on Demand GmbH, Norderstedt / Germany